Mathematik 5/6

Diagnostizieren und Fördern

Arbeitsheft

für Schülerinnen und Schüler

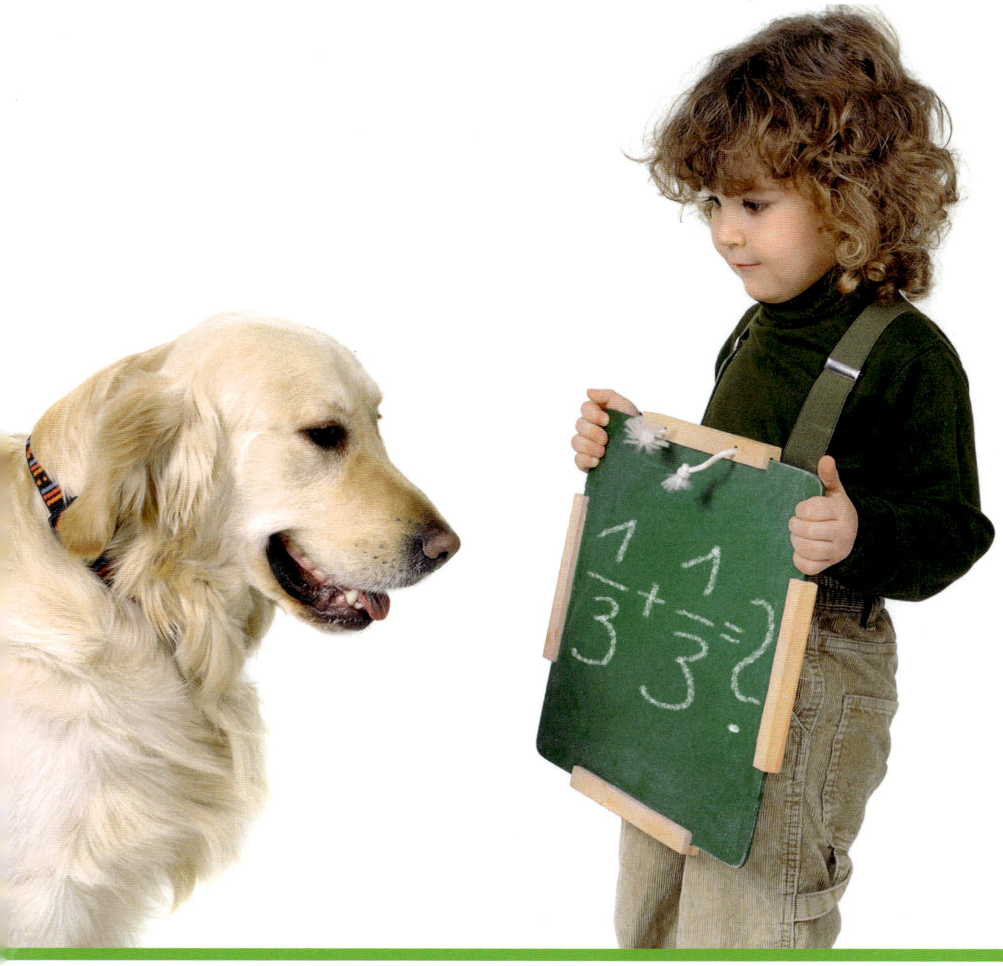

Herausgegeben
von Udo Wennekers

Erarbeitet von
Claus Arndt
Carina Freytag

unter Mitarbeit der
Verlagsredaktion

Brüche und Dezimalzahlen

Cornelsen

Wo finde ich was?

Hinweise zur Arbeit mit dem Heft 4

Bruchzahlen

Inhaltsübersicht 6
Inhalte und Beispiele 7

Vorwissen

Ausgangsdiagnose 8
Förderangebot 10
Nachdiagnose 12

Bruchteile

Ausgangsdiagnose 14
Förderangebot 16
Nachdiagnose 20

Bruch – Dezimalzahl – Prozent

Ausgangsdiagnose 22
Förderangebot 24
Nachdiagnose 28

Etwas andere Aufgaben 30

Gesamtdiagnose 32

Rechnen mit Bruchzahlen

Inhaltsübersicht 36
Inhalte und Beispiele 37

Vorwissen

Ausgangsdiagnose 38
Förderangebot 40
Nachdiagnose 42

Addition und Subtraktion

Ausgangsdiagnose 44
Förderangebot 46
Nachdiagnose 54

Multiplikation und Division

Ausgangsdiagnose 56
Förderangebot 58
Nachdiagnose 64

Verbindung der Grundrechenarten

Ausgangsdiagnose 66
Förderangebot 68
Nachdiagnose 74

Etwas andere Aufgaben

Etwas andere Aufgaben 76
Gesamtdiagnose 78

Liebe Schülerin, lieber Schüler,

mit diesem Heft soll dir die Möglichkeit gegeben werden, dein Wissen und deine Kompetenzen in den Themenbereichen *Bruchzahlen* sowie *Rechnen mit Bruchzahlen und Gleichungen* selbstständig zu diagnostizieren und gezielt zu verbessern.

Am Anfang jedes Themas steht ein Grundwissenbereich. Mit dessen Hilfe kannst du das nötige Grundwissen prüfen und ausgleichen.

Zur schrittweisen Sicherung deiner Fertigkeiten und Fähigkeiten sind die Themenbereiche in kleinere „Untereinheiten" gegliedert.

Jedes Unterthema enthält eine Ausgangsdiagnose, einen Förderabschnitt und eine Nachdiagnose zur Prüfung deines Lernfortschritts.

Am Ende des Themenbereiches ist schließlich eine Gesamtdiagnose zu absolvieren, bei deren Auswertung du deinen Leistungsstand für das gesamte Themengebiet überprüfen kannst.

Inhaltsübersicht

In der Inhaltsübersicht kannst du einen schnellen Überblick über die wichtigen Begriffe und ihre inhaltlichen Beziehungen erhalten. Du solltest darin zunächst markieren, was du bisher im Unterricht behandelt hast. Dann solltest du eigene Ergänzungen vornehmen, wie zum Beispiel Formeln, die du für wichtig hältst oder Einzelthemen, die nicht in der Übersicht zu finden sind, die aber im Unterricht innerhalb des Themenbereichs behandelt wurden.

Inhalte und Beispiele

Dieser Abschnitt enthält in kurzer Form die wichtigsten Inhalte des jeweiligen Themenbereiches mit ausgewählten Beispielen.

Ausgangsdiagnose und Förderangebot

Dieser Diagnosebogen ist so aufgebaut, dass nur angekreuzt werden muss, ob eine Aussage wahr bzw. falsch ist. Du solltest bei jeder Aufgabe auch möglichst kurz, aber präzise aufschreiben, warum du dich entsprechend entschieden hast.

Vergleiche den ausgefüllten Diagnosebogen mit den Angaben im Lösungsheft.

Hast du alle Aufgaben richtig gelöst und fühlst dich sicher in dem Themenbereich, kannst du an die Lösung der komplexen Aufgaben aus dem anschließenden Förderaufgabenbereich herangehen.

Hast du bei Aufgaben Fehler gemacht, findest du auf dem Arbeitsblatt jeweils einen Verweis, welche Aufgaben aus dem Förderangebot dir helfen können, um diese Fehler künftig zu vermeiden.

Markiere zur Kontrolle auf dem Diagnosebogen, wenn du zugehörige Aufgaben aus dem Förderangebot bearbeitet hast.

Ist das Symbol abgedruckt, findest du weiteres Übungsmaterial im Online-Angebot des Cornelsen Verlages.

Gib dazu im Web-Browser **www.cornelsen.de/mathematik-diagnosehefte** ein.

Trage dann in die entsprechenden Felder die Buchkennung **MDF004364** und den auf der Seite neben dem Symbol angegebenen Mediencode (z. B. 008-1) ein.

Du solltest in jedem Fall auch komplexe Aufgaben lösen.

Nachdiagnose und Gesamtdiagnose

Am Ende jedes Unterkapitels steht die Nachdiagnose. Mit ihrer Hilfe kannst du die Fortschritte überprüfen, die du durch die Fördeaufgaben erzielt hast. Die gleiche Funktion hat auch die Gesamtdiagnose, mit der das Thema abgeschlossen wird. Eine Kontrolle mithilfe des Lösungsheftes zeigt dir, wo du noch Fehler gemacht hast und welche Aspekte du besser noch üben solltest.

Für den Erhalt der Freude an Mathematik findest du in dem Heft auch ein Angebot von „etwas anderen Aufgaben".

Mathematik 5/6

Arbeitsheft
für Schülerinnen und Schüler

Diagnostizieren und Fördern

Lösungen

Brüche und Dezimalzahlen

Cornelsen

Inhaltsverzeichnis

Bruchzahlen

Vorwissen
Ausgangsdiagnose 3
Förderangebot 3
Nachdiagnose 4

Bruchteile
Ausgangsdiagnose 5
Förderangebot 5
Nachdiagnose 6

Bruch – Dezimalzahl – Prozent
Ausgangsdiagnose 7
Förderangebot 8
Nachdiagnose 9

Etwas andere Aufgaben 9

Gesamtdiagnose 10

Rechnen mit Bruchzahlen

Vorwissen
Ausgangsdiagnose 11
Förderangebot 11
Nachdiagnose 12

Addition und Subtraktion
Ausgangsdiagnose 13
Förderangebot 14
Nachdiagnose 17

Multiplikation und Division
Ausgangsdiagnose 17
Förderangebot 18
Nachdiagnose 19

Verbindung der Grundrechenarten
Ausgangsdiagnose 20
Förderangebot 20
Nachdiagnose 22

Etwas andere Aufgaben 23

Gesamtdiagnose 23

Bruchzahlen

Vorwissen

Ausgangsdiagnose

w	f	Bemerkungen oder Lösungswege können teilweise nur beispielhaft sein, weil es verschiedene Möglichkeiten geben kann.

8 1

w	f	
×		Das ist eine Eigenschaft von Parallelogrammen.
	×	Es kann auch eine Raute (ein Rhombus) sein.
	×	Umgekehrt: Der Durchmesser ist doppelt so lang wie der Radius.
×		Rechtecke mit vier gleich langen Seiten sind Quadrate.
	×	Es hat nur ein Paar paralleler Seiten. Es ist ein Trapez.

2

w	f	
×		Das Ergebnis ist korrekt.
	×	Das Ergebnis ist 938.
	×	$12 \cdot 6 = 72$
×		$126 - 47 = 79$
	×	In der ersten Teilrechnung wurde 696 falsch angeordnet. Das Ergebnis ist 8700.
×		$47 : 7 = 6 \cdot 7 + 5$; Also bleibt der Rest 5.
×		$296 = 24 \cdot 12 + 8$
×		Das Ergebnis ist korrekt.
	×	Das Ergebnis ist 9.
	×	In der zweiten Teilrechnung wurde nicht die Null im Ergebnis eingefügt. Das Ergebnis ist 1063.
	×	Punkt- vor Strichrechnung! Das Ergebnis ist 28, nämlich aus $4 + 24$.
	×	Das Ergebnis ist 27, nämlich aus $36 - 9$.

9 3

w	f	
	×	1 ist keine Primzahl
×		Das ist die Eigenschaft von Primzahlen.
×		Die Zahl wurde korrekt in ein Produkt aus Primzahlen zerlegt.
×		Die Zahl wurde korrekt in ein Produkt aus Primzahlen zerlegt.

4

w	f	
×		Es gilt ja 1 m = 1000 mm.
	×	1 kg = 1000 g, also 756 kg = 756 000 g
	×	1 l = 1000 ml, also 89 605 ml = 89,605 l
	×	$13 \cdot 24 + 12 = 324$; Der Unterschied zum tatsächlichen Wert ist zu groß.
	×	8383 cm^2 = 83,83 dm^2
×		1 m^2 = 10 000 cm^2
×		$4 \cdot 24$ h = 96 h, und 96 h > 92 h
	×	1 cm^3 = 1000 mm^3, also 256 mm^3 = 0,256 cm^3
×		2,4 l = 2,4 dm^3 = 2400 cm^3
	×	4 kg : 5 = 4000 g : 5 = 800 g

5

w	f	
	×	Die 18 müsste einen Teilstrich weiter rechts angeordnet werden.
×		Die Abstände der Teilstriche entsprechen 5. $120 + 5 = 125$
	×	Die Einteilungen können beliebig nach Bedarf vorgenommen werden, jedoch untereinander gleich.

Förderangebot

10 1 a) Rechteck: Gegenüber liegende Seiten sind parallel zueinander. Alle Winkel betragen 90°.

b) Kreis: Alle Punkte der Kreislinie haben zum Mittelpunkt den gleichen Abstand r.

c) Quadrat: Gegenüber liegende Seiten sind parallel zueinander. Alle Seiten sind gleich lang. Alle Winkel betragen 90°.

d) Parallelogramm: Gegenüber liegende Seiten sind parallel zueinander. Gegenüber liegende Winkel sind gleich groß. Benachbarte Winkel ergeben zusammen 180°.

e) Raute (Rhombus): Gegenüber liegende Seiten sind parallel zueinander. Alle Seiten sind gleich lang. Gegenüber liegende Winkel sind gleich groß. Benachbarte Winkel ergeben zusammen 180°.

f) Trapez: Es gibt ein Paar paralleler Seiten.

g) Rechteck: Gegenüber liegende Seiten sind parallel zueinander. Alle Winkel betragen 90°.

h) Dreieck: Die Figur hat drei Seiten.

10 **2** a) 103   b) 59   c) 96   d) 32   e) 499   f) 295   g) 91   h) 5   i) 336   j) 144
k) 360   l) 6

3 a) 33 270   b) 19 026   c) 981 861   d) 7 177 248   e) 3946   f) 238

11 **4**

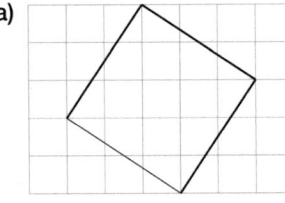 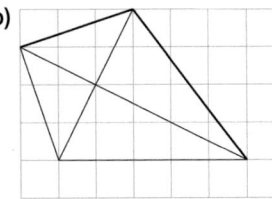 

5 a) $2 \cdot 5 \cdot 11$ b) $2 \cdot 2 \cdot 3 \cdot 7 \cdot 19$ c) $2 \cdot 3 \cdot 3 \cdot 3 \cdot 7$ d) $3 \cdot 3 \cdot 5 \cdot 5 \cdot 5 \cdot 11$ e) $3 \cdot 5 \cdot 5 \cdot 11 \cdot 13$
f) $7 \cdot 11 \cdot 13$

6 a) 75 000 g   b) 1050 dm   c) 82 000 ml   d) 450 Ct   e) 75 cm   f) 8,5 h
g) 23 000 m   h) 720 min   i) 500 000 mg   j) 460 mm   k) 86,21 €   l) 18 000 s
m) 0,23 dm^2 n) 15 000 dm^3 o) 1700 mm^2 p) 20 000 m^2 q) 31 000 cm^3 r) 876 000 mm^3

7 a) >   b) <   c) >   d) >   e) >   f) =   g) >   h) <   i) >   j) <
k) =   l) >

8

```
        5   8   12  15   19
  ├─┼─┼─┼─┼─┼─┼─┼─┼─┼─┼─►
  0                   18
```

9 zum Beispiel:

```
          4           9              18         23           30
  ├───┼───────┼──────────┼──────┼────────►
  0  1
```

Nachdiagnose

12 **1** a)   b)   c) zum Beispiel: je ②

2 a) 163 ①   b) 172 ①   c) 98 ①   d) 13 ①

3 a) 30 675 ①   b) 76 725 ①   c) 90 610 ①   d) 736 ①

4 a) 31, 37, 41, 43, 47 ①   b) $2 \cdot 2 \cdot 2 \cdot 3 \cdot 3 \cdot 13$; $2 \cdot 2 \cdot 7 \cdot 17 \cdot 23$ je ①

13 **5** a) 10 kg ①   b) 24 cm ①   c) 34 min ①   d) 6 t ①   e) 4 km ①

6 a) 3,2 m ①   b) 4200 Ct ①   c) 0,765 kg ①   d) 2200 mm^2 ①   e) 0,005 dm^3 ①   f) 16 200 s ①
g) 3200 kg ①   h) 2,4 m ①   i) 86,2 a ①

7

```
   15  18  21      27 30 31       je ①
  ├─┼─┼─┼─┼─┼─┼─┼─┼─┼─►
     16           28
```

8 zum Beispiel:

```
          90        140       210        260          320
  ├────┼───────┼────────┼─────────┼──────────►
  50 60
```

Zahlenstrahl ① ; je ①

Bruchteile

Ausgangsdiagnose

14

1

w	f	
×		9 von 45 Teilquadraten sind gefärbt.
	×	Die Anteile sind nicht gleich. Es sind $\frac{2}{4}$ bzw. $\frac{1}{2}$ gefärbt
	×	Es sind $\frac{3}{8}$ gefärbt.
	×	Der Anteil ist $\frac{1}{8}$.

2

w	f	
×		$\frac{1}{5}$ kg sind 200 g (1000 g : 5).
	×	Es sind 80 min, denn $\frac{1}{3}$ von 120 min sind 40 min.
×		$\frac{1}{4}$ dm sind 25 mm (100 mm : 4). $\frac{3}{4}$ dm sind 75 mm.
	×	$\frac{1}{7}$ von 210 mm^2 sind 30 mm^2, dann sind $\frac{4}{7}$ davon 120 mm^2.
×		$\frac{1}{8}$ cm^3 sind 125 mm^3 (1000 mm^3 : 8). Und 3 · 125 mm^3 = 375 mm^3.
	×	Es sind 20 s.
	×	$\frac{1}{125}$ t sind 8 kg (1000 kg : 125). Und 8 kg · 54 = 432 kg.

3

w	f	
×		36 kg = 3 · 12 kg, und 24 kg sind 2 · 12 kg, also 2 von 3, damit $\frac{2}{3}$.
×		$\frac{1}{4}$ von 60 l sind 15 l. Sie entnimmt $\frac{3}{4}$, also 45 l.
×		Er muss nur noch $\frac{1}{4}$ der Strecke laufen, also 500 m.

15

4

w	f	
	×	Das Verhältnis ist 7 : 5.
	×	500 ml Saft werden mit 1 l Wasser gemischt, also 1,5 l.
	×	Es ist eine 6-fache Vergrößerung, also 6 · 5 cm = 30 cm.

5

w	f	
	×	entweder $\frac{10}{35}$ oder $\frac{8}{28}$
	×	Richtig ist $\frac{16}{29}$.
×		Es wurde schrittweise richtig gekürzt.
	×	Richtig ist $\frac{21}{65}$.
×		3 von 7 Streifen haben die gleiche Fläche wie 9 von 21 Kästchen (oder auch 12 von 28 Kästchen).

6

w	f	
×		Eine Teilstrecke entspricht $\frac{1}{10}$ Einheit. $\frac{2}{20}=\frac{1}{10}$; $\frac{1}{5}=\frac{2}{10}$; $\frac{8}{20}=\frac{4}{10}$; $\frac{2}{4}=\frac{5}{10}$; $\frac{4}{5}=\frac{8}{10}$
	×	$\frac{7}{15}=\frac{140}{300}$; $\frac{9}{20}=\frac{135}{300}$; und $\frac{140}{300}>\frac{135}{300}$
	×	$\frac{7}{12}<\frac{2}{3}=\frac{8}{12}$, also $\frac{2}{6}<\frac{7}{12}<\frac{2}{3}$
	×	$\frac{4}{6}=\frac{16}{24}$; $\frac{3}{4}=\frac{18}{24}$; Genau in der Mitte liegt $\frac{17}{24}$.

Förderangebot

16

1 a) $\frac{1}{4}$ b) $\frac{4}{16}=\frac{1}{4}$ c) $\frac{5}{12}$ d) $\frac{2}{7}$

2 a) rot $\frac{3}{8}$; blau $\frac{5}{8}$ b) rot $\frac{1}{16}$; blau $\frac{15}{16}$ c) rot $\frac{16}{25}$; blau $\frac{9}{25}$ d) rot $\frac{12}{20}=\frac{3}{5}$; blau $\frac{8}{20}=\frac{2}{5}$

3 a)   b)

4 a) 56 kg   b) 120 l   c) 159 €   d) 476 km   e) 455 dm   f) 3381 h

5 a) 5 s   b) 625 kg   c) 9 dm   d) 8 Ct   e) 140 min   f) 5750 mg

17

6 Klara besitzt 21 Krimis und 56 Taschenbücher.

7 Auf $\frac{1}{6}$ der Gartenfläche wird Salat angebaut. $\frac{5}{6}$ der Gartenfläche bleiben für Bohnen und Karotten.

8 Ⓐ 3:5; Ⓑ 9:13; $\frac{3}{8} < \frac{9}{22}$, denn $\frac{66}{176} < \frac{72}{176}$.
Also wäre Teller Ⓑ die bessere Wahl, um zufällig ein rotes Gummibärchen zu erwischen, weil dort der Anteil der roten Gummibärchen größer ist als bei Teller Ⓐ.

9 Orangensaft $\frac{1}{2}$; Maracujasaft $\frac{1}{4}$; Zitronensaft und Grenadine je $\frac{1}{8}$

10 $\frac{3}{8}$ von 208 sind 78 Jungen. $\frac{5}{8}$ von 208 sind 130 Mädchen.

11 a) $\frac{4}{8}$ **b)** $\frac{8}{20}$ **c)** $\frac{12}{32}$ **d)** $\frac{36}{44}$ **e)** $\frac{188}{208}$ **f)** $\frac{212}{244}$

12 a) $\frac{15}{40}$ **b)** $\frac{32}{56}$ **c)** $\frac{99}{132}$ **d)** $\frac{125}{200}$ **e)** $\frac{153}{216}$

13 a) $\frac{1}{3}$ **b)** $\frac{1}{9}$ **c)** $\frac{1}{2}$ **d)** $\frac{18}{24}$ **e)** $\frac{29}{114}$ **f)** $\frac{27}{48}$

14 a) $\frac{8}{25}$ **b)** $\frac{2}{15}$ **c)** $\frac{3}{10}$ **d)** $\frac{6}{7}$ **e)** $\frac{7}{9}$ **f)** $\frac{6}{11}$

15 a) 4   **b)** 54   **c)** 615   **d)** 17   **e)** 168   **f)** 598

16

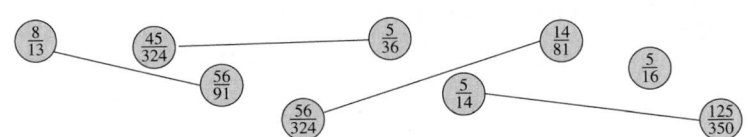

17 a) $\frac{15}{28}$ **b)** $\frac{4}{5}$ **c)** $\frac{10}{21}$ **d)** $\frac{21}{319}$ **e)** $\frac{22}{75}$ **f)** $\frac{25}{63}$ **g)** $\frac{38}{69}$ **h)** $\frac{8}{11}$ **i)** $\frac{13}{20}$ **j)** $\frac{6}{35}$
k) $\frac{5}{99}$ **l)** $\frac{5}{7}$

18

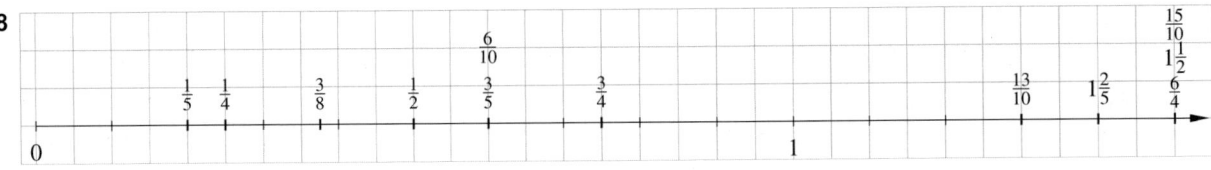

19 a) >   **b)** >   **c)** >   **d)** >   **e)** =   **f)** >

20 a) $\frac{3}{8}$ **b)** $\frac{3}{4}$ **c)** $\frac{13}{21}$ **d)** $\frac{1}{2}$ **e)** $\frac{73}{55} = 1\frac{18}{55}$

21 zum Beispiel: 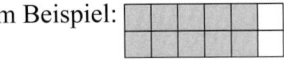   5 von 6 Streifen haben die gleiche Fläche wie 10 von 12 Quadraten.

22 ① $\frac{9}{24} = \frac{3}{8}$ ② $\frac{5}{16}$

23 a) Katja   **b)** 780   **c)** 16 380

Nachdiagnose

1 a) 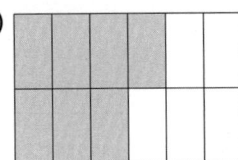   **b)** 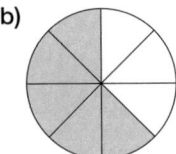   **c)** 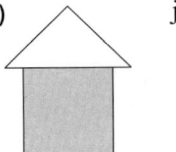   je ❶

2 a) 250 kg ❶   **b)** 2100 m ❶   **c)** 3800 g ❶   **d)** 75 cm ❶   **e)** 160 min ❶   **f)** 22 min ❶
g) 375 mm^2 ❶   **h)** 21 m^2 ❶   **i)** 50 m^2 ❶   **j)** 12 375 cm^3 ❶   **k)** 675 m^2 ❶   **l)** 1875 m^2 ❶

20 3 a) Verhältnis blau zu rot $8:12$ $(2:3)$; Verhältnis rot zu blau $12:8$ $(3:2)$ ❶
Anteil blauer Kugeln $\frac{8}{20}=\frac{2}{5}$ ❶ ; Anteil roter Kugeln $\frac{12}{20}=\frac{3}{5}$ ❶
b) Verhältnis von Thymian zu Spitzwegerich $10:2$ $(5:1)$ ❶ ; von Anis zu Spitzwegerich $2:2$ $(1:1)$ ❶ ;
von Thymian zu Sonnentau $10:4$ $(5:2)$ ❶
Anteil von Huflattich am Kräutergemisch $\frac{2}{20}=\frac{1}{10}$ ❶

21 4 Leverkusen und Dortmund sind 60 km voneinander entfernt ❷

5 a) $\frac{60}{108}$ ❶ b) $\frac{43}{45}$ ❶ c) $\frac{231}{315}$ ❶ d) $\frac{24}{50}$ ❶ e) $\frac{225}{558}$ ❶ f) $\frac{20}{28}$ ❶

6 a) $\frac{3}{5}$ ❶ b) $\frac{5}{13}$ ❶ c) $\frac{4}{25}$ ❶ d) $\frac{10}{33}$ ❶ e) $\frac{77}{78}$ ❶

7 a) $<$ ❶ b) $>$ ❶ c) $=$ ❶ d) $>$ ❶ e) $>$ ❶ f) $>$ ❶

8 a) $\frac{3}{5}$ ❶ b) $\frac{7}{14}$ ❶ c) $\frac{1}{2}$ ❶ d) $\frac{13}{16}$ ❶ e) $\frac{11}{20}$ ❶

Bruch – Dezimalzahl – Prozent

Ausgangsdiagnose

w	f	Bemerkungen oder Lösungswege können teilweise nur beispielhaft sein, weil es verschiedene Möglichkeiten geben kann.

22 1

w	f	
×		korrekt umgewandelt; $\frac{3}{50}=\frac{6}{100}$
	×	$\frac{24}{30}=\frac{8}{10}=0{,}8=80\%$
	×	$\frac{4}{125}=\frac{32}{1000}=0{,}032=3{,}2\%$
	×	$72\%=\frac{72}{100}=\frac{18}{25}$
	×	$60\%=\frac{3}{5}$; $\frac{3}{5}$ von 15 kg sind 9 kg.
×		$75\%=\frac{3}{4}$; $\frac{3}{4}$ von 80 € sind 60 €.
	×	408 € sind $\frac{17}{20}=\frac{85}{100}=85\%$

2

w	f	
×		korrekt umgewandelt
×		korrekt umgewandelt
	×	$2{,}5\%=\frac{25}{1000}=0{,}025$
	×	Es muss heißen $\frac{1}{10}+\frac{9}{1000}$.
	×	Die markierte Zahl ist 0,057.
×		Es sind jeweils 0,005 Differenz.
	×	Es ist 3,66.

3

w	f	
	×	$0{,}689<0{,}69$
	×	$53{,}845\,038<53{,}845\,04$
×		$0{,}100\,100<0{,}100\,101$
×		$0{,}06=\frac{6}{100}$; $\frac{2}{25}=\frac{8}{100}$
×		Keine der anderen Zahlen ist größer.

23 4

w	f	
	×	$\frac{8}{100}=0{,}08$
	×	$\frac{402}{10\,000}=0{,}0402$
	×	$0{,}0501=\frac{501}{10\,000}$
×		$0{,}35=\frac{35}{100}=\frac{7}{20}$
×		$1{,}85=\frac{185}{100}=\frac{37}{20}=185\%$
	×	$\frac{1}{3}=0{,}\overline{3}$
	×	$\frac{15}{16}=0{,}9375$
	×	$\frac{15}{9}=1{,}\overline{6}$
×		korrekt umgewandelt
	×	$\frac{9}{100}=0{,}09=9\%$

	Auf die Zehntelstelle gerundet ergibt 5,0.
	8 an der Tausendstelstelle wird wegen 9 an der Zehntausendstelstelle auf 9 aufgerundet.
	An der Tausendstelstelle kann nur abgerundet werden, also 13 845 m
	Der Rundungsbereich umfasst 12,75 s bis 12,849 s.

Förderangebot

24 **1 a)** 5%   **b)** 20%   **c)** 12%   **d)** 40%   **e)** 35%   **f)** 75%   **g)** 75%
h) 20%   **i)** 36%   **j)** 55%

2 a) $\frac{30}{100} = \frac{3}{10}$ **b)** $\frac{25}{100} = \frac{1}{4}$ **c)** $\frac{80}{100} = \frac{4}{5}$ **d)** $\frac{75}{100} = \frac{3}{4}$ **e)** $\frac{45}{100} = \frac{9}{20}$ **f)** $\frac{44}{100} = \frac{11}{25}$
g) $\frac{32}{100} = \frac{8}{25}$ **h)** $\frac{8}{100} = \frac{2}{25}$

3 a) 3 m   **b)** 0,5 kg   **c)** 1,5 h   **d)** 24 €   **e)** 130 kg   **f)** 43 min

4 Sie zahlt 85%, also $\frac{17}{20}$ des alten Preises. $\frac{17}{20}$ von 134 € sind 113,90 €.

5 90 € sind 15%. Linus bezahlt 25% des Rads (100% − 60% − 15%).

6 a) r   **b)** r   **c)** f   **d)** f   **e)** r   **f)** f   **g)** r   **h)** f

7 a) $\frac{1}{2}$ **b)** $\frac{41}{500}$ **c)** $\frac{1}{5}$ **d)** $1\frac{1}{20}$ **e)** $3\frac{1}{250}$ **f)** $1\frac{6}{25}$ **g)** $205\frac{3}{4}$ **h)** $15\frac{1}{8}$

25 **8 a)** 0,5   **b)** 3,04   **c)** 0,605   **d)** 7,1   **e)** 0,586   **f)** 3,01

9 *A* 0,5;   *B* 1,25;   *C* 1,75;   *D* 4,2;   *E* 4,9;   *F* 5,3;   *G* 0,95;   *H* 1,1;   *I* 1,6

10 a) 1,7   **b)** 0,92   **c)** 3,1495   **d)** 5,015   **e)** 2,12   **f)** 1,685

11 a) $\frac{4}{10} + \frac{3}{100}$ **b)** $\frac{6}{10} + \frac{1}{1000}$ **c)** $\frac{3}{10} + \frac{9}{100}$ **d)** $\frac{9}{10} + \frac{5}{100} + \frac{2}{10\,000}$ **e)** $\frac{1}{10} + \frac{2}{100} + \frac{3}{1000}$
f) $\frac{5}{10} + \frac{6}{1000} + \frac{8}{10\,000}$ **g)** $\frac{4}{10} + \frac{7}{100} + \frac{1}{10\,000}$ **h)** $\frac{8}{100} + \frac{5}{10\,000}$

12 a) >   **b)** >   **c)** >   **d)** <   **e)** >   **f)** =   **g)** >   **h)** >   **i)** <   **j)** >
k) >   **l)** >

13 a) 0,07; 0,10; 0,104; 0,11; 0,4; 0,6; 0,68; 0,70; 0,9
b) 1,0001; 1,001 01; 1,010 01; 1,011 01; 1,101; 10,010; 10,0101; 10,1001

26 **14 a)** $\frac{3}{10} = 0,3$ **b)** $\frac{8}{10} = 0,8$ **c)** $\frac{35}{10} = 3,5$ **d)** $\frac{31}{10} = 3,5$ **e)** $\frac{44}{100} = 0,44$ **f)** $\frac{126}{100} = 1,26$
g) $\frac{362}{100} = 3,62$ **h)** $\frac{875}{1000} = 0,875$ **i)** $\frac{125}{100} = 1,25$ **j)** $\frac{17}{25} = \frac{68}{100} = 0,68$ **k)** $\frac{11}{25} = \frac{44}{100} = 0,44$ **l)** $\frac{3}{10} = 0,3$
m) $\frac{14}{10} = 1,4$ **n)** $\frac{3}{8} = \frac{375}{1000} = 0,375$ **o)** $\frac{8}{10} = 0,8$ **p)** $\frac{2}{5} = \frac{4}{10} = 0,4$

15 a)

$2\frac{1}{2}$	2,501	$2\frac{15}{32}$	2,5	2,05	250%	2,5000	$2\frac{5}{10}$	2,2

b)

0,6	$\frac{1}{6}$	0,5999	$\frac{2}{3}$	0,600	6%	$\frac{3}{5}$	60%	3,5	$\frac{6}{10}$	2,2	600%	6,10

c)

36%	0,36	$\frac{36}{100}$	0,036	$\frac{36}{1000}$	3,06	3,6	3,6%	$\frac{9}{25}$	3,599	$\frac{18}{500}$

16 a) $0,\overline{6}$ **b)** $0,1\overline{6}$ **c)** 4,25   **d)** $4,\overline{3}$ **e)** 0,475   **f)** $0,91\overline{6}$ **g)** $1,2\overline{6}$
h) $0,\overline{4}$ **i)** $1,2\overline{7}$ **j)** 0,5625   **k)** 1,625   **l)** 1,875   **m)** $3,\overline{1}$ **n)** 0,625
o) 1,05   **p)** 6,025

17 a) $0,2 = \frac{1}{5}$ **b)** $0,58 = \frac{29}{50}$ **c)** $1 = \frac{1}{1}$ **d)** $0,04 = \frac{1}{25}$ **e)** $0,145 = \frac{29}{200}$ **f)** $1,1 = \frac{11}{10}$
g) $0,079 = \frac{79}{1000}$ **h)** $0,45 = \frac{9}{20}$ **i)** $0,015 = \frac{3}{200}$

18 a) 10,2; 5,9; 4,6; 13,1   **b)** 2,33; 4,80; 1,70; 9,30   **c)** 1,235; 8,002; 7,831; 5,693

26 **19 a)** r **b)** f **c)** f **d)** r **e)** f **f)** r **g)** r **h)** f

27 **20** Fett $\approx 0{,}26$; $\approx 25{,}71\%$; Zucker $\approx 0{,}34$; $\approx 34{,}29\%$

21 $\frac{3}{4}$ von 68 € sind 51 €. Der reduzierte Preis beträgt also 51 €.

Tinas Mutter errechnet $\frac{5}{4}$ von 51 €, das sind 63,75 €.

Tinas Mutter ist von der falschen Bezugsgröße ausgegangen. 51 € sind $\frac{3}{4}$. Sie hätte durch $\frac{3}{4}$ teilen müssen.

22 a) von 4,5 kg bis 5,4$\overline{9}$ kg **b)** von 15,75 m² bis 15,84$\overline{9}$ m² **c)** von 2,55 l bis 2,64$\overline{9}$ l
d) von 13,035 dm bis 13,044$\overline{9}$ dm **e)** von 1,845 kg bis 1,854$\overline{9}$ kg **f)** von 20,45 min bis 20,54$\overline{9}$ min

23 a) $\frac{3}{4}$ von 3,2 cm sind 2,4 cm.
$u = 2 \cdot (3{,}2 \text{ cm} + 2{,}4 \text{ cm}) = 11{,}2$ cm
$A = 7{,}68 \text{ cm}^2$

b) z.B.: 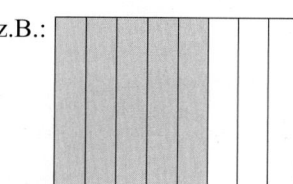 Blau eingefärbt sind 4,8 cm².

Nachdiagnose

28 **1 a)** 60% ❶ **b)** 126% ❶ **c)** 76% ❶ **d)** $\frac{3}{10}$ ❶ **e)** 80% ❶ **f)** $\frac{9}{20}$ ❶
g) 70% von 399 € sind 273 €. ❷ **h)** $\frac{48}{64} = \frac{3}{4} = 75\%$; Sie hat noch 25% vor sich. ❷

2 a) 0,8 ❶ **b)** 0,098 ❶ **c)** $\frac{1}{20}$ ❶ **d)** $\frac{61}{2000}$ ❶ **e)** 0,078 09 ❶ **f)** 0,74 ❶

3 a) 2,6 ❶ **b)** 5,05 ❶ **c)** 10,5 ❶ **d)** 5,5 ❶ **e)** 13,35 ❶ **f)** 19,25 ❶

4 a) r ❶ **b)** r ❶ **c)** f ❶ **d)** r ❶ **e)** r ❶ **f)** f ❶

29 **5 a)** 0,808 08 ❶ **b)** 13,463 580 ❶

6 a) 0,18 ❶ **b)** 0,92 ❶ **c)** 0,6 ❶ **d)** $\frac{109}{100}$ ❶ **e)** 1,$\overline{6}$ ❶ **f)** $\frac{253}{5000}$ ❶
g) 0,8125 ❶ **h)** 6,$\overline{8}$ ❶

7

30 % — 8 % — 0,08 — $\frac{39}{50}$ — 3,5 — $\frac{7}{2}$ — $\frac{1}{20}$
0,8 — 65 %
3 % — 0,78 — 78 % — 0,75 — $\frac{13}{20}$ — 7,5 — 13 %
$\frac{3}{10}$
$\frac{1}{3}$ — 0,3 — $\frac{2}{25}$ — 75 % — $\frac{3}{4}$ — 0,05
0,6 — $\frac{3}{5}$ — $\frac{3}{4}$ — 0,65

je Zuordnung ❶

8 a) 4,8; 4,83 ❷ **b)** 23,1; 23,085 ❷ **c)** 55,90; 55,905 ❷

Etwas andere Aufgaben

30 **Lebensmittelbruchteile**

Ⓐ Es müssen 15 Stück sein.
Teilung am besten in 3 mal 5 Stück

30 Ⓑ Am häufigsten werden wohl $\frac{1}{8}$ Pizza bestellt werden, also sinnvoll $\frac{3}{8}$, $\frac{1}{4}$ und $3 \cdot \frac{1}{8}$ Pizza.

Werden mehr Achtel benötigt, können Viertel halbiert werden.

Werden mehr Viertel benötigt können $\frac{3}{8}$ in $\frac{1}{4}$ und $\frac{1}{8}$ geteilt werden.

Im Verhältnis zu zwei Achtel-Pizza-Stücken ist die Viertel-Pizza zu teuer. 3,50 € < 3,60 €.

Die $\frac{3}{8}$-Pizza ist günstiger gegenüber den anderen Pizzateilen (Mengenrabatt).

Das meiste verdient Luigi, wenn er nur Viertel-Pizza-Stücke verkauft. (14,40 €)

31 Ⓒ $\frac{9}{8}$ ist kein Bruchteil, sondern mehr als ein Ganzes $1 + \frac{1}{8}$. z.B.:

Ⓓ Es wurden $\frac{5}{12}$ des Kuchens gegessen.

Es sind noch $\frac{7}{12}$ des Kuchens übrig.

Ⓔ Das Brot wird in der Länge halbiert. z. B.:

Jede Hälfte wird gedrittelt.

Jedes der Drittel wird halbiert.

Die abgeschnittenen Scheiben entsprechen $\frac{1}{4}$ Brot.

Es ergeben sich 12 Scheiben.

$\frac{1}{4}$ sind 3 Scheiben, $\frac{4}{4}$ sind $4 \cdot 3 = 12$ Scheiben.

Gesamtdiagnose

32 1 a) $\frac{5}{12}$ ❶ b) $\frac{9}{72} = \frac{1}{8}$ ❶

c) z.B.: ❷

d) $A \quad B \quad\quad\quad\quad\quad\quad\quad\quad\quad C$ ❷

2 a) 39 kg ❶ b) 105 m ❶ c) 8 m² ❶ d) 104 min ❶ e) 15 l ❶ f) 30 m³ ❶

3 insgesamt 60 Kinder; 45 Kinder nehmen an einer Führung teil. 18 Kinder wollen noch ins Delfinarium. ❷

33 4 Ingolstadt nach Regensburg 3,8 cm, also 57 km ❷
Weißenburg nach Landshut 6,7 cm, also 100,5 km ❷
(Messabweichungen von 1 mm sind zulässig)

5 a) $\frac{24}{54}$ ❶ b) $\frac{135}{144}$ ❶ c) $\frac{121}{220}$ ❶ d) $\frac{712}{1000}$ ❶ e) $\frac{105}{160}$ ❶

6 a) $\frac{14}{43}$ ❶ b) $\frac{11}{14}$ ❶ c) $\frac{9}{8} = 1\frac{1}{8}$ ❶ d) $\frac{8}{15}$ ❶ e) $\frac{1}{6}$ ❶ f) $\frac{4}{5}$ ❶

7 $\frac{5}{6} > \frac{3}{4}$, denn $\frac{20}{24} > \frac{18}{24}$ ❸ ; $\frac{3}{4} < \frac{4}{5} < \frac{5}{6}$ ❷

8 $\frac{4}{5} > \frac{6}{8} = \frac{3}{4} > \frac{2}{3}$ ❸ ; $\frac{4}{5}$ liegt dem Ganzen (1) am nächsten, also ist Lars am nächsten an Jakob gekommen. ❶

34 9 a) r ❶ b) r ❶ c) f ❶ d) f ❶ e) f $(3 \cdot 10,5 = 31,5)$ ❷

10 a) 0,82 ❶ b) 9,102 ❶ c) 3,05 ❶ d) 0,0014 ❶

11 größte Dezimalzahl 9,990 09 ❶   kleinste Dezimalzahl 9,009 ❶

12 a) 2,08 ❶ b) $\frac{11}{50}$ ❶ c) 0,7 ❶ d) $\frac{8}{125}$ ❶ e) $\frac{5}{2}$ ❶ f) 1,28 ❶

g) $\frac{19}{5}$ ❶ h) $\frac{126}{25}$ ❶ i) $\frac{41}{5}$ ❶ j) 0,632 ❶

13 20,9; 38,7; 52,5; 7,5   je ❶

Rechnen mit Bruchzahlen

Vorwissen

Ausgangsdiagnose

| w | f | Bemerkungen oder Lösungswege können teilweise nur beispielhaft sein, weil es verschiedene Möglichkeiten geben kann. |

38 **1**

w	f	
×		5 von 12
	×	Die zweite Markierung ist bei $2\frac{1}{2}$.
×		richtig gekürzt und als gemischte Zahl geschrieben
	×	$7\frac{3}{5} = \frac{38}{5}$
×		Aus $\frac{1}{8}$ sind 2 km folgt $\frac{5}{8}$ sind 10 km.
	×	Aus $\frac{4}{5} = 0{,}8$ folgt $\frac{4}{5}$ kg = 800 g.

2

w	f	
×		Der neue Zähler und neue Nenner wurden richtig berechnet.
×		Der neue Zähler und neue Nenner wurden richtig berechnet.
×		Es wurde mit 2 gekürzt.
	×	Mit 4 erweitert ergibt der Nenner 32.
×		$60\% = \frac{60}{100} = \frac{3}{5}$
	×	Es ist 75, denn $25 \cdot 3 = 75$ und $15 \cdot 5 = 75$.
×		Es gibt keinen größeren gemeinsamen Teiler.

3

w	f	
	×	$\frac{7}{11} < \frac{10}{11}$
	×	$\frac{7}{12} > \frac{7}{13}$
×		Auf gleichnamige Brüche erweitert gilt $\frac{8}{12} < \frac{9}{12}$.
×		$75\% = \frac{3}{4} < \frac{4}{5}$, denn auf gleichnamige Brüche erweitert gilt $\frac{15}{20} < \frac{16}{20}$.

39 **4**

w	f	
	×	$0{,}0708 = \frac{708}{10\,000}$
×		$\frac{27}{60} = \frac{9}{20} = \frac{45}{100} = 0{,}45$
	×	$35\% = 0{,}35$
×		Alle Zahlen können den Markierungen zugeordnet werden.
×		$35{,}87 < 35{,}9 < 36{,}009 < 36{,}02$
×		Angefügte Nullen nach dem Komma ergeben keine Zahländerung.

5

w	f	
×		Nach Rundungsregeln auf Ganze gerundet gilt $2{,}53 \approx 2$.
×		Nach Rundungsregeln auf Zehntel gerundet gilt $5{,}375 \approx 5{,}4$.
	×	Nach Rundungsregeln auf Ganze gerundet gilt $9{,}099 \approx 9$.
	×	$0{,}2727\dots$ auf Hundertstel gerundet ergibt $0{,}27$.
	×	$0{,}0757$ auf Zehntel gerundet ergibt $0{,}1$.
	×	$3{,}7 < 3{,}75$
	×	$\frac{96}{50} = 1{,}92 \approx 1{,}9$; $2{,}09 \approx 2{,}1$

6

w	f	
×		$(13 \cdot 3) \cdot (4 \cdot 25) = 39 \cdot 100 = 3900$
	×	$24 \cdot 7 + 36 \cdot 7 = (24 + 36) \cdot 7 = 60 \cdot 7 = 420$
	×	Bei $4 : 2$ dürfen Dividend und Divisor nicht vertauscht werden.
×		$(6 \cdot 14) \cdot (125 \cdot 8) = 84 \cdot 1000 = 84\,000$

Förderangebot

40 **1** **a)** e: $\frac{5}{12}$; n: $\frac{7}{12}$ **b)** e: $\frac{8}{18} = \frac{4}{9}$; n: $\frac{10}{18} = \frac{5}{9}$ **c)** e: $\frac{4}{10} = \frac{2}{5}$; n: $\frac{6}{10} = \frac{3}{5}$ **d)** e: $\frac{14}{21} = \frac{2}{3}$; n: $\frac{7}{21} = \frac{1}{3}$

2

40 3 a) $4\frac{1}{7}$ b) $2\frac{1}{4}$ c) $2\frac{1}{5}$ d) $3\frac{1}{32}$ e) $\frac{29}{8}$ f) $\frac{47}{5}$ g) $\frac{101}{10}$ h) $\frac{111}{13}$

4 a) 15 m   b) 6 h   c) 6 kg   d) 2 €   e) 22,5 g   f) 0,7 km

5 a) $\frac{4}{5}=\frac{12}{15}$ b) $\frac{5}{8}=\frac{20}{32}$ c) $\frac{6}{7}=\frac{30}{35}$ d) $\frac{35}{60}=\frac{7}{12}$
  e) $\frac{9}{63}=\frac{2}{14}$ f) $\frac{4}{6}=\frac{14}{21}$ g) $\frac{84}{132}=\frac{21}{33}=\frac{7}{11}=\frac{42}{66}$ h) $\frac{3}{8}=\frac{12}{32}=\frac{36}{96}=\frac{48}{128}=\frac{6}{16}$

6 a) $\frac{17}{100}$ b) $\frac{3}{5}$ c) $\frac{1}{50}$ d) $\frac{6}{5}$ e) 75%   f) 15%   g) 70%   h) 40%

7 a) 21   b) 36   c) 60   d) 78   e) 54

8 a) 6   b) 4   c) 15   d) 23   e) 49

41 9 a) <   b) >   c) <   d) <   e) >   f) >   g) <   h) >

10

11 a) $0,35=\frac{7}{20}$ b) $0,8=\frac{4}{5}$ b) $0,12=\frac{3}{25}$

12 a) 23%   b) 8%   c) 70%   d) 0,9%

13 a) 0,5; 2,4; 0,1125; 3,2; 4,75; 0,16; 0,6   mittlere Zahl der Größenordnung: $\frac{18}{30}=0,6$
   b) 0,25; 0,3; 1,3; 1,03; 0,301   mittlere Zahl der Größenordnung: 30,1% = 0,301

14 A 0,013; B 0,025; C 0,03; D 0,039; E 0,052

15 a) 0,1; 0,10   b) 0,3; 0,25   c) 0,4; 0,37   d) 0,2; 0,15   e) 0,2; 0,19   f) 1,4; 1,38
   g) 0,4; 0,44   h) 0,1; 0,06

16 0,5; 0,45; 0,455; 0,4545; 0,45455; z.B.: Es muss abwechselnd auf- und abgerundet werden.

17 a) $(72\cdot 3)\cdot(5\cdot 20)=216\cdot 100=21\,600$ b) $(38\cdot 6)\cdot(2\cdot 5)=228\cdot 10=2280$
   c) $(45-23)\cdot 3=22\cdot 3=66$ b) $4\cdot(27+13)=4\cdot 40=160$

Nachdiagnose

42 1 a) $\frac{10}{24}=\frac{5}{12}$ ❶   b) $\frac{5}{10}=\frac{1}{2}$ ❶   c) $\frac{15}{20}=\frac{3}{4}$ ❶   d) $\frac{21}{32}$ ❶

2 $A \frac{1}{9}$ ❶; $B \frac{15}{9}=\frac{5}{3}$ ❶; $C \frac{25}{9}$ ❶; $D \frac{8}{9}$ ❶

3 a) $13\frac{3}{7}$ ❶   b) $4\frac{11}{14}$ ❶   c) $\frac{53}{12}$ ❶   d) $\frac{106}{13}$ ❶

4 a) $\frac{36}{45}=\frac{4}{5}$ ❶   b) $\frac{45}{225}=\frac{3}{15}$ ❶   c) $\frac{12}{23}=\frac{132}{253}$ ❶   d) $\frac{112}{12}=\frac{28}{3}$ ❶   e) $\frac{3}{40}=\frac{75}{1000}$ ❶   f) $\frac{570}{684}=\frac{5}{6}$ ❶

5 a) $\frac{1}{4}$ ❶   b) $\frac{12}{25}$ ❶   c) 125% ❶   d) 12,5% ❶

6 a) < ❶   b) > ❶   c) < ❶   d) < ❶   e) < ❶   f) = ❶   g) < ❶   h) = ❶

43 7 a) 0,36; $\frac{9}{25}$ ❷   b) 65%; $\frac{13}{20}$ ❷   c) 0,16; 16% ❷   d) 1,1; $\frac{11}{10}$ ❷   e) $\frac{5}{2}$; 250% ❷   f) 1,6; 160% ❷

8 A 0,011 ❶; B 0,0116 ❶; C 0,0128 ❶; D 0,0141 ❶

9 a) kleinste Zahl: 4077; größte Zahl: 7407   je ❶   b) kleinste Zahl: 1,01; größte Zahl: 1,11   je ❶

10 a) 0,1; 0,14 ❷   **b)** 0,6; 0,63 ❷   **c)** 0,5; 0,54 ❷   **d)** 0,3; 0,33 ❷   **e)** 0,1; 0,07 ❷
f) 2,6; 2,63 ❷   **g)** 0,7; 0,67 ❷   **h)** 0,1; 0,07 ❷

11 a) $(24 \cdot 6) \cdot (4 \cdot 25) = 144 \cdot 100 = 14\,400$ ❶   **b)** $(8 \cdot 125) \cdot (17 \cdot 5) = 1000 \cdot 85 = 85\,000$ ❶
c) $(86 - 35) \cdot 4 = 51 \cdot 4 = 204$ ❶   **d)** $9 \cdot (16 + 44) = 9 \cdot 60 = 540$ ❶

Addition und Subtraktion

Ausgangsdiagnose

w	f	Bemerkungen oder Lösungswege können teilweise nur beispielhaft sein, weil es verschiedene Möglichkeiten geben kann.

1

w	f	
×		Die gleichnamigen Brüche wurden richtig subtrahiert.
	×	Die Nenner müssen beibehalten werden, also $\frac{9}{9} = 1$.
×		Die gleichnamigen Brüche wurden richtig addiert und subtrahiert.
×		Das Ergebnis $\frac{8}{44}$ wurde noch gekürzt.
×		Beide Summen ergeben 1.
	×	Richtig ist $\frac{1}{2}$.

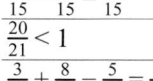

2

w	f	
	×	$\frac{7}{99} + \frac{55}{99} = \frac{62}{99}$
	×	$\frac{11}{15} - \frac{9}{15} = \frac{2}{15}$
×		$\frac{20}{21} < 1$
×		$\frac{3}{20} + \frac{8}{20} - \frac{5}{20} = \frac{6}{20} = \frac{3}{10}$
	×	Aus den Termwerten ergibt sich jeweils $\frac{1}{4}$, also besteht Gleichheit.
×		Es bleibt nur noch $\frac{1}{6}$ zum gefüllten Kreis frei.

3

w	f	
	×	$\frac{10}{15} - \frac{3}{15} = \frac{7}{15}$
×		$\frac{15}{30} + \frac{10}{30} + \frac{6}{30} = \frac{31}{30}$
	×	$\frac{45}{60} - \frac{40}{60} + \frac{36}{60} = \frac{41}{60} < 1$
	×	$\frac{35}{63} + \frac{18}{63} = \frac{53}{63}$
×		$\frac{28}{42} - \frac{21}{42} = \frac{7}{42} = \frac{1}{6}$
	×	Es bleiben $\frac{2}{15}$ übrig.

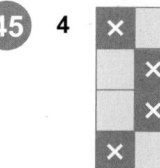

4

w	f	
×		$\frac{21}{24} + \frac{10}{24} = \frac{31}{24}$
	×	$\frac{21}{60} - \frac{9}{60} = \frac{12}{60} = \frac{1}{5}$
	×	$\frac{16}{42} - \frac{9}{42} = \frac{7}{42} = \frac{1}{6}$
×		$\frac{1}{14} + \frac{1}{5} = \frac{5}{70} + \frac{14}{70} = \frac{19}{70}$
×		$\frac{36}{24} + \frac{15}{24} - \frac{20}{24} = \frac{31}{24} > 1$

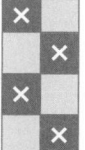

5

w	f	
×		Die gemischte Zahl ist die Kurzform der Addition natürliche Zahl plus Bruch.
	×	Richtiges Ergebnis ist $2\frac{1}{4}$.
×		$1\frac{16}{36} + 2\frac{9}{36} = 3\frac{25}{36}$
	×	$108\frac{19}{22} + 291\frac{14}{22} = 399 + \frac{33}{22} = 399 + 1\frac{1}{2} = 400\frac{1}{2}$
×		$15\frac{5}{6} - 2\frac{2}{6} = 13\frac{3}{6} = 13\frac{1}{2}$
×		$9\frac{14}{10} - 8\frac{9}{10} = 1\frac{5}{10} = 1\frac{1}{2}$

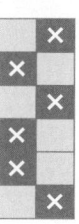

6

w	f	
	×	Richtig ist 1,41.
×		Es wurde richtig gerechnet.
	×	Richtig ist 33,205.
×		Es wurde richtig gerechnet.
×		$1,75 - 0,25 = 1,5$
	×	$1,04 + 1,2 = 1,24$

1 a) $\frac{2}{3}$　　**b)** $\frac{1}{3}$　　**c)** $\frac{10}{19}$　　**d)** $\frac{4}{5}$　　**e)** 1　　**f)** 2　　**g)** $\frac{1}{2}$　　**h)** 1　　**i)** $\frac{1}{4}$

2 a)　　　　　　　　　　　　　**b)**

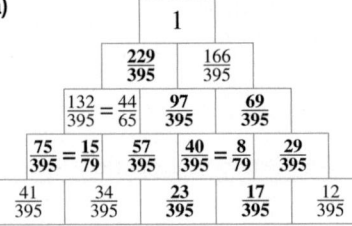

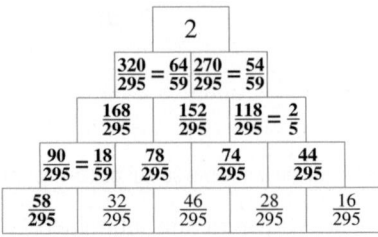

3 a)　　　　　　　magische Zahl: **1**　　**b)**　　　　　　　magische Zahl: $\frac{15}{21} = \frac{5}{7}$

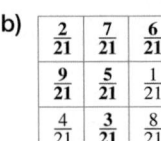

4 a) $\frac{4}{9} + \frac{3}{9} = \frac{7}{9}$; $\frac{4}{9} - \frac{3}{9} = \frac{1}{9}$　　**b)** $\frac{3}{5} + \frac{1}{5} = \frac{4}{5}$; $\frac{3}{5} - \frac{1}{5} = \frac{2}{5}$　　**c)** $\frac{4}{10} + \frac{3}{10} = \frac{7}{10}$; $\frac{4}{10} - \frac{3}{10} = \frac{1}{10}$

5 a) $\frac{9}{99} = \frac{1}{11}$　　**b)** $1\frac{1}{3}$

6 a) $\frac{3}{6} + \frac{3}{6} = \frac{4}{6} + \frac{2}{6} = \frac{5}{6} + \frac{1}{6} = \frac{6}{6} + \frac{0}{6} = 1$　　**b)** $\frac{5}{5} + \frac{5}{5} = \frac{4}{5} + \frac{6}{5} = \frac{3}{5} + \frac{7}{5} = \frac{2}{5} + \frac{8}{5} = \frac{1}{5} + \frac{9}{5} = \frac{0}{5} + \frac{10}{5} = 2$

7 a) $\frac{3}{4}$　　**b)** $\frac{1}{18}$　　**c)** $\frac{3}{8}$　　**d)** $\frac{13}{48}$　　**e)** $1\frac{5}{24}$　　**f)** $1\frac{2}{3}$　　**g)** $\frac{1}{12}$　　**h)** $\frac{3}{20}$　　**i)** $\frac{9}{20}$

8 a) $\frac{3}{14} < \frac{3}{10}$　　**b)** $\frac{11}{16} > \frac{13}{27}$　　**c)** $\frac{8}{15} > \frac{1}{2}$　　**d)** $\frac{4}{9} < \frac{5}{8}$

9 a) $\frac{4}{16} + \frac{2}{8} = \frac{1}{2}$　　**b)** $\frac{16}{60} + \frac{1}{30} = \frac{9}{30} = \frac{3}{10}$

10 a) $1\frac{1}{4}$ min $= 75$ s　　**b)** $1\frac{1}{2}$ m $= 15$ dm　　**c)** $\frac{3}{8}$ t $= 375$ kg　　**d)** $\frac{7}{12}$ h $= 35$ min

11 a) 2　　**b)** 6　　**c)** 46　　**d)** 7　　**e)** 14　　**f)** 18

12 Es ergibt $1\frac{1}{4}$ l orange Farbe und es bleibt ein Rest von $\frac{5}{12}$ l.

13 $\frac{7}{10} - \frac{1}{10} = \frac{3}{5}$; 5 Personen sind $\frac{1}{10}$, also hat der Bus 50 Plätze.

14 a) $\frac{11}{15}$　　**b)** $\frac{1}{132}$　　**c)** $\frac{7}{72}$　　**d)** $1\frac{16}{35}$　　**e)** $\frac{1}{6}$　　**f)** $1\frac{11}{42}$　　**g)** $\frac{31}{140}$　　**h)** $\frac{8}{45}$　　**i)** $\frac{17}{70}$

15 a) Zweimal mehr als die Hälfte ergibt mehr als ein Ganzes, also 1
b) $\frac{18}{37}$ ist bereits weniger als die Hälfte (0,5), also ist die Differenz erst recht kleiner als 0,5.

16 ① Zähler und Nenner dürfen nicht einfach jeweils addiert werden.　　　　Richtig ist $\frac{23}{20} = 1\frac{3}{20}$.
② Beim Addieren gleichnamiger Brüche dürfen die Nenner nicht addiert werden.
② Die Brüche wurden auf die falsche Weise gleichnamig gemacht.

17 a) $\frac{3}{4} < \frac{4}{5}$; $\frac{4}{5} - \frac{3}{4} = \frac{1}{20}$　　**b)** $\frac{5}{4} > \frac{6}{5}$; $\frac{5}{4} - \frac{6}{5} = \frac{1}{20}$

18 a) $\frac{4}{3} + \frac{3}{4} = 2\frac{1}{12}$; $\frac{5}{4} + \frac{4}{5} = 2\frac{1}{20}$; $\frac{6}{5} + \frac{5}{6} = 2\frac{1}{30}$; $\frac{7}{6} + \frac{6}{7} = 2\frac{1}{42}$; $\frac{8}{7} + \frac{7}{8} = 2\frac{1}{56}$
b) $\frac{4}{3} - \frac{3}{4} = \frac{7}{12}$; $\frac{5}{4} - \frac{4}{5} = \frac{9}{20}$; $\frac{6}{5} - \frac{5}{6} = \frac{11}{30}$; $\frac{7}{6} - \frac{6}{7} = \frac{13}{42}$; $\frac{8}{7} - \frac{7}{8} = \frac{15}{56}$

19 $1 - \frac{2}{3} - \frac{1}{10} = \frac{7}{30}$　　　　$\frac{7}{30}$ des Körpers bestehen aus anderen Stoffen.

20 a) $\frac{7}{90}$　　**b)** $\frac{79}{120}$　　**c)** $\frac{25}{48}$　　**d)** $1\frac{1}{16}$　　**e)** $\frac{11}{18}$　　**f)** $\frac{1}{8}$　　**g)** $\frac{1}{2}$　　**h)** $\frac{5}{8}$　　**i)** $\frac{63}{80}$

49 **21** 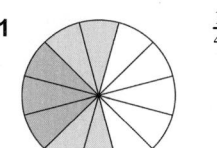 $\frac{1}{4} + \frac{2}{6} = \frac{7}{12}$

22 Das kleinste gemeinsame Vielfache von $\frac{3}{12}$ h und $\frac{7}{12}$ h ist $\frac{21}{12}$ h = $1\frac{3}{4}$ h.

Alle $1\frac{3}{4}$ h ergeben sich gleichzeitige Abfahrten der Busse.

6:30 Uhr; 8:15 Uhr; 10 Uhr; 11:45 Uhr; 13:30 Uhr; 15:15 Uhr; 17 Uhr; 18:45 Uhr; 20:30 Uhr

23 $1 - \frac{1}{4} - \frac{1}{8} - \frac{2}{7} - \frac{1}{14} = \frac{15}{56}$ $1\frac{7}{8}$ l Wasser müssen aufgefüllt werden.

24 a)

+	$\frac{2}{3}$	$1\frac{3}{4}$	$2\frac{5}{6}$	$\frac{9}{10}$	$2\frac{7}{12}$
$\frac{4}{5}$	$1\frac{7}{15}$	$2\frac{11}{20}$	$3\frac{19}{30}$	$1\frac{7}{10}$	$3\frac{23}{60}$
$2\frac{5}{12}$	$3\frac{1}{12}$	$4\frac{1}{6}$	$5\frac{1}{4}$	$3\frac{19}{60}$	5
$1\frac{1}{3}$	2	$3\frac{1}{12}$	$4\frac{1}{6}$	$2\frac{7}{30}$	$3\frac{11}{12}$
$3\frac{5}{6}$	$4\frac{1}{2}$	$5\frac{7}{12}$	$6\frac{2}{3}$	$4\frac{11}{15}$	$6\frac{5}{12}$
$\frac{1}{4}$	$\frac{11}{12}$	2	$3\frac{1}{12}$	$1\frac{3}{20}$	$2\frac{5}{6}$

b)

−	$\frac{4}{5}$	$1\frac{7}{16}$	0	$1\frac{7}{8}$	$1\frac{1}{2}$
5	$4\frac{1}{5}$	$3\frac{9}{16}$	5	$3\frac{1}{8}$	$3\frac{1}{2}$
$2\frac{3}{4}$	$1\frac{19}{20}$	$1\frac{5}{16}$	$2\frac{3}{4}$	$\frac{7}{8}$	$1\frac{1}{4}$
$3\frac{1}{8}$	$2\frac{13}{40}$	$1\frac{11}{16}$	$3\frac{1}{8}$	$1\frac{1}{4}$	$1\frac{5}{8}$
$4\frac{9}{16}$	$3\frac{61}{80}$	$3\frac{1}{8}$	$4\frac{9}{16}$	$2\frac{11}{16}$	$3\frac{1}{16}$
$10\frac{1}{8}$	$9\frac{13}{40}$	$8\frac{11}{16}$	$10\frac{1}{8}$	$8\frac{1}{4}$	$8\frac{5}{8}$

50 **25**

$5\frac{1}{4}$ − $1\frac{19}{60}$ → 3,3 + $\frac{1}{4}$ → $3\frac{11}{20}$ + $7\frac{2}{3}$ → $9\frac{13}{60}$

+ $\frac{2}{3}$ − $1\frac{13}{60}$

$5\frac{11}{12}$ − $3\frac{8}{15}$ → $2\frac{23}{60}$ + $5\frac{7}{15}$ → $7\frac{17}{20}$ + $\frac{3}{20}$ → 8

26 a) magische Zahl $11\frac{1}{2}$

6	1	$\frac{9}{2}$
$2\frac{1}{4}$	$3\frac{3}{4}$	$5\frac{1}{2}$
$3\frac{1}{4}$	$6\frac{3}{4}$	$1\frac{1}{2}$

b) Ja, denn die magische Zahl ist $4\frac{1}{12}$.

27 (Start) $1\frac{5}{6} + 1\frac{3}{4}$ **4** $3\frac{7}{8} - 2\frac{1}{3}$ **7** $3\frac{11}{24} - \frac{3}{8}$ **3** $1\frac{5}{24} + 2\frac{2}{3}$

6 $3\frac{5}{8} - \frac{1}{6}$ **1** $3\frac{7}{12} - 1\frac{1}{4}$ **5** $1\frac{13}{24} + 2\frac{1}{12}$ **2** $2\frac{1}{3} - 1\frac{1}{8}$

28 Schwester $40 - 36\frac{5}{12} = 3\frac{7}{12}$ 3 Jahre 7 Monate;   Mutter $40 - 1\frac{1}{2} = 38\frac{1}{2}$ 38 Jahre 6 Monate;

Peter $3\frac{7}{12} + 10\frac{1}{6} = 14\frac{1}{12}$ 14 Jahre 1 Monat

29 a) $9\frac{9}{10} - 5\frac{17}{20} = 4\frac{1}{20}$ **b)** $3\frac{13}{12} - 2\frac{5}{6} = 1\frac{1}{4}$

30 a) $2\frac{3}{8} - \left(2\frac{3}{4} - 1\frac{4}{5}\right) + 3\frac{3}{10} = 2\frac{3}{8} - \frac{19}{20} + 3\frac{3}{10} = 1\frac{17}{40} + 3\frac{3}{10} = 4\frac{29}{40}$ **b)** $3 - 1\frac{17}{40} = 1\frac{23}{40}$ **c)** $1\frac{1}{2} - 1\frac{17}{40} = \frac{3}{40}$

51 **31 a)** 7,2   **b)** 4,3   **c)** 1,32   **d)** 32,255   **e)** 2,5351   **f)** 8,8911   **g)** 6

h) 2,99   **i)** 0,27   **j)** 2,34   **k)** 0,63   **l)** 3,5

32 a) ① 0,4; ② 0,34; ③ 0,3334; ④ 0,1; ⑤ 0,91   **b)** ① 0,7; ② 0,98; ③ 0,71; ④ 0,697; ⑤ 0,11

33 a) 49,81   **b)** 11 114,68   **c)** 1,432   **d)** 10,61

34

x	4389,41	266,76	**4544,689**	438,007
y	277,9	**164,28**	3531,401	**237,999**
$x+y$	**4667,31**	**431,04**	8076,09	**676,006**
$x-y$	**4389,41**	102,48	**1013,285**	200,008

28 a) 27; 32; 37; 42; 47; ... **b)** 53; 66; 81; 98; 117; ... **c)** 816; 892; 968; 1044; 1120; ...
d) 27; 21; 29; 23; 31; ... **e)** 66; 130; 258; 514; 1026; ... **f)** 83; 68; 78; 63; 73; ...

35 a)
```
      3,1304
 +   34,006
 +  455,0189
 +  777,34
   1269,4953
```
b)
```
      4,99
 +    5,98
 +   28
 +   29,8
     68,77
```

36 a) 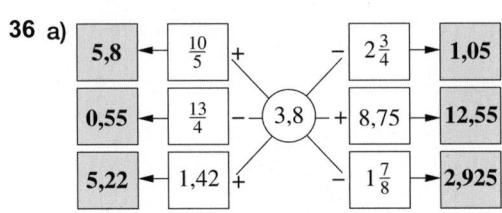 **b)**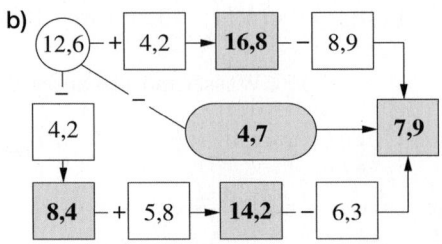

37 a) $(< 0{,}46)$ z.B.: 0,43; 0,44; 0,45 **b)** $(< 1{,}125)$ z.B.: 1,122; 1,123; 1,124
c) $(< 0{,}\overline{6})$ z.B.: 0,3; 0,4; 0,5 **d)** $(< 0{,}05)$ z.B.: 0,02; 0,03; 0,04
e) $(> 0{,}217)$ z.B.: 0,218; 0,219; 0,22 **f)** $(< 4{,}25)$ z.B.: 1,23; 2,23; 4,24

38 a) 4000 mg + 4 mg = 4004 mg; 4 g + 0,004 g = 4,004 g
b) 500,5 cm − 7 cm = 493,5 cm; 5,005 m − 0,07 m = 4,935 m
c) 337 m − 33,7 m = 303,3 m; 0,337 km − 0,0337 km = 0,3033 km
d) 4900 kg − 49 kg = 4851 kg; 4,9 t − 0,049 t = 4,851 t
e) 7035,86 cm + 65,7 cm = 7101,56 cm; 703,586 dm + 6,57 dm = 710,156 dm
f) 150 min − 30 min = 120 min; 2,5 h − 0,5 h = 2 h

39 a) ja; mit 6 Bechern zu je $\frac{1}{3}$ l bzw. mit 8 Bechern zu je $\frac{1}{4}$ l

b)

Anzahl Inhalt $\frac{1}{3}$ l	1	1	1	1	1	1	2	2	2	2	2	3	3	3	3	4	4	5
Anzahl Inhalt $\frac{1}{4}$ l	1	2	3	4	5	6	1	2	3	4	5	1	2	3	4	1	2	1
Flascheninhalt in l	$\frac{7}{12}$	$\frac{5}{6}$	$1\frac{1}{12}$	$1\frac{1}{3}$	$1\frac{7}{12}$	$1\frac{5}{6}$	$\frac{11}{12}$	$1\frac{1}{6}$	$1\frac{5}{12}$	$1\frac{2}{3}$	$1\frac{11}{12}$	$1\frac{1}{4}$	$1\frac{1}{2}$	$1\frac{3}{4}$	2	$1\frac{7}{12}$	$1\frac{5}{6}$	$1\frac{11}{12}$

40 a) $\frac{9}{1} + \frac{8}{2} = 13$ **b)** $\frac{2}{9} + \frac{1}{8} = \frac{25}{72}$ **c)** $\frac{1}{9} + \frac{7}{8} = \frac{71}{72}$

41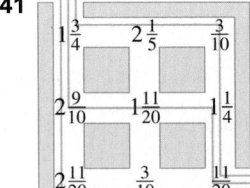

kleinstes Ergebnis: 1,75 + 2,2 + 0,3 + 1,25 + 0,55 = 6,05
größtes Ergebnis: 1,75 + 2,9 + 2,55 + 0,3 + 0,55 = 8,05
Ergebnis 8: 1,75 + 2,9 + 1,55 + 1,25 + 0,55 = 8

42 individuell verschieden; Die Berechnungen führen nach dem fünften Schritt zu einer Zahl aus den Ziffern 1, 4, 6 und 7. Die aus diesen Ziffern gebildete kleinste und größte Zahl ergibt die Differenz 6,174. Danach ändert sich nichts mehr an den Zahlen, Rechnungen und Ergebnissen.

43 a)
```
   0,47
 + 2,59
   3,06
```
b)
```
   2,05
 + 4,75
   6,84
```
c)
```
   5,02
 − 4,97
   0,05
```
d)
```
   4,95
 − 0,27
   4,68
```

43 2 Plättchen: 0,2 + 0,8 = 1; 0,3715 + 0,6285 = 1
   3 Plättchen: 0,3 + 0,2 + 0,5 = 1; 0,6 + 0,3715 + 0,0285 = 1; 0,2 + 0,1715 + 0,6258 = 1
           0,8 + 0,1715 + 0,0285 = 1
   4 Plättchen: 0,6 + 0,2 + 0,1715 + 0,0285 = 1; 0,3 + 0,5 + 0,1715 + 0,0285 = 1

54

1 **a)** $\frac{7}{8}$ ❶ **b)** 3 ❶ **c)** $\frac{99}{100} = 99\%$ ❶

2 **a)** $\frac{9}{10}$ ❶ **b)** $\frac{13}{10} = 1\frac{3}{10}$ ❶ **c)** $\frac{5}{18}$ ❶

3 Mehrheit bedeutet über 50%, also 0,5 bzw. die Hälfte. ❶ $\frac{3}{10} + 17\% = \frac{47}{100} = 47\%$ ❶ keine Mehrheit ❶

4 **a)** $\frac{3}{40}$ ❶ **b)** $\frac{7}{36}$ ❶ **c)** $\frac{59}{108}$ ❶ **d)** $\frac{11}{24}$ ❶ **e)** $2\frac{32}{39}$ ❶ **f)** $2\frac{7}{44}$ ❶

5 $\frac{2}{3} + \frac{1}{4} = \frac{8}{12} + \frac{3}{12} = \frac{11}{12}$ ❶

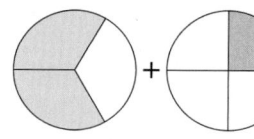 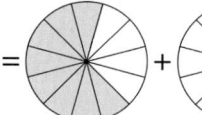 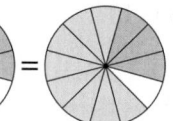 ❷

55

6 **a)** $\frac{39}{28} = 1\frac{11}{28}$ ❶ **b)** $\frac{21}{20} = 1\frac{1}{20}$ ❶ **c)** $\frac{1}{42}$ ❶

7 $\frac{5}{12} + \frac{3}{8} = \frac{19}{24}$ ❷

8 **a)** $2\frac{17}{20}$ ❶ **b)** $\frac{5}{8}$ ❶ **c)** $2\frac{1}{20}$ ❶ **d)** $3\frac{1}{20}$ ❶ **e)** $3\frac{13}{15}$ ❶ **f)** $\frac{5}{6}$ ❶

9 **a)** $1\frac{1}{5}$ ist bereits größer als $\frac{16}{15}$. ❷ **b)** $\frac{11}{3}$ ist größer als 3; $\frac{7}{5}$ kleiner als 2; Die Differenz kann nie 1 sein. ❷
 c) $\frac{1}{2}$ ist bereits größer als $\frac{2}{5}$. ❷

10 **a)** 10 ❶ **b)** 60,963 ❶ **c)** 9,0528 ❶ **d)** 0,98 ❶ **e)** 1,85 ❶ **f)** 1,24 ❶

Multiplikation und Division

Vorwissen

56

w	f	Bemerkungen oder Lösungswege können teilweise nur beispielhaft sein, weil es verschiedene Möglichkeiten geben kann.

1

w	f	
×		korrekte Berechnung der Multiplikation und kürzen
	×	Auch die Nenner müssen multipliziert werden. Richtig ist $\frac{21}{64}$.
	×	Wenn man vorher kürzt, ergibt das $\frac{5}{4} \cdot \frac{3}{2} = \frac{15}{8} = 1\frac{7}{8}$.
	×	Es muss auch mit 3 multipliziert werden. Richtig ist $\frac{17}{30}$.
×		Das Ergebnis ist richtig.
	×	Es muss mit Brüchen gerechnet werden. $\frac{18}{7} \cdot \frac{5}{3} = \frac{30}{7} = 4\frac{2}{7}$

2

w	f	
	×	Es wurde multipliziert und nicht dividiert. Richtig ist $\frac{1}{9} \cdot \frac{8}{3} = \frac{8}{27}$.
×		Das Ergebnis ist richtig.
×		Das Ergebnis ist richtig.
	×	Es wurde nur gekürzt und dann nicht geteilt. Richtig ist $\frac{8}{39}$.
	×	Es muss auch die 2 geteilt werden. Richtig ist $\frac{18}{7} : \frac{9}{14} = 4$.
×		Das Ergebnis ist richtig.

3

w	f	
	×	Richtig ist 62,2.
	×	Richtig ist 4826,76.
×		Es wurde richtig gerechnet.
×		Es wurde richtig gerechnet.
	×	Richtig ist 1,285.
×		Es wurde richtig gerechnet.
×		Es wurde richtig gerechnet.
	×	Richtig ist: 35 ist das Zwanzigfache von 1,75..

4

	×	Richtig ist 0,00954.
×		Es wurde das Komma richtig gesetzt.
	×	Richtig ist 8,7.
	×	Richtig ist 2.
	×	Richtig ist 0,69.
×		Es wurde richtig gerechnet.
	×	Richtig ist 1564 : 34 = 46.
×		Es wurde richtig gerechnet.

5

	×	78 min kosten 78 · 0,038 € = 2,964 €.
×		3600 : 10,2 ≈ 353; pro h in km also 353 : 10 ≈ 35; Die Schlussfolgerung ist richtig.
	×	18 · 5,35 = 96,3; 96,3 : 6 = 16,05

Förderangebot

58 **1** a) $\frac{6}{5} = 1\frac{1}{5}$ b) $\frac{10}{21}$ c) $\frac{3}{10}$ d) $\frac{5}{21}$ e) $\frac{8}{117}$ f) $\frac{16}{5} = 3\frac{1}{5}$ g) $\frac{4}{5}$ h) $\frac{24}{5} = 4\frac{4}{5}$ i) $\frac{21}{76}$ j) $\frac{24}{5} = 4\frac{4}{5}$

k) $\frac{5}{18}$ l) $\frac{8}{21}$ m) 2 n) 8 o) $\frac{5}{18}$

2 a) $\frac{13}{30}$ b) $\frac{3}{4}$ c) $\frac{36}{49}$ d) $\frac{1}{2}$ e) 45 f) $4\frac{1}{5}$ g) $3\frac{1}{5}$ h) $\frac{9}{10}$ i) $18\frac{5}{24}$ j) $11\frac{1}{4}$

k) $215\frac{11}{14}$ l) $42\frac{1}{2}$ m) $12\frac{1}{10}$ n) $77\frac{6}{7}$ o) $72\frac{2}{33}$

3

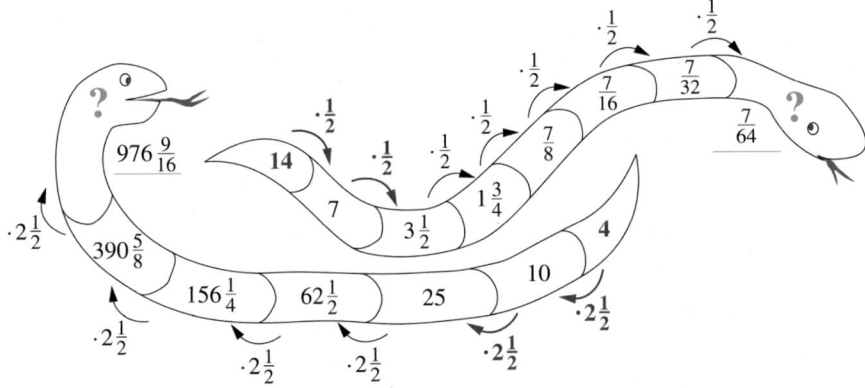

4 a) $\frac{2}{3} \cdot \frac{6}{15} = \frac{2}{3} \cdot \frac{2}{5} = \frac{4}{15}$ b) $\frac{5}{36} \cdot \frac{42}{25} = \frac{1}{6} \cdot \frac{7}{5} = \frac{7}{30}$ c) $2\frac{2}{3} \cdot \frac{9}{16} = \frac{8}{3} \cdot \frac{9}{16} = \frac{3}{2} = 1\frac{1}{2}$ d) $4\frac{1}{3} \cdot \frac{1}{2} = \frac{13}{3} \cdot \frac{1}{2} = 2\frac{1}{6}$

e) $\frac{14}{11} \cdot \frac{23}{7} = \frac{2}{11} \cdot \frac{23}{1} = \frac{46}{11} = 4\frac{2}{11}$ f) $13 \cdot \frac{9}{26} = \frac{9}{2} = 4\frac{1}{2}$ g) $\frac{0}{16} \cdot \frac{3}{5} = \frac{0}{80} = 0$ h) $\frac{21}{65} \cdot \frac{26}{49} = \frac{3}{5} \cdot \frac{2}{7} = \frac{6}{35}$

i) $\frac{1}{16} \cdot \frac{4}{25} = \frac{1}{4} \cdot \frac{1}{25} = \frac{1}{100}$

59 **5** a) $\frac{7}{20}$ b) 1 c) $\frac{5}{16}$ d) 4 e) $\frac{8}{9}$ f) $\frac{4}{5}$ g) $\frac{32}{3} = 10\frac{2}{3}$ h) $\frac{2}{15}$ i) $\frac{1}{2}$ j) $\frac{16}{9} = 1\frac{7}{9}$

k) $\frac{16}{21}$ l) $\frac{225}{11} = 20\frac{5}{11}$ m) $\frac{1}{30}$ n) $\frac{5}{2} = 2\frac{1}{2}$ o) $\frac{1}{2}$

6 a) $\frac{3}{5} \cdot \frac{4}{3} = \frac{4}{5}$ b) $\ldots = \frac{12}{25}$ c) $\frac{23}{7} \cdot \frac{14}{9} = \frac{46}{9} = 5\frac{1}{9}$ d) $\frac{21}{4} : \frac{16}{5} = \frac{21}{4} \cdot \frac{5}{16} = \frac{105}{64} = 1\frac{41}{64}$ e) $\frac{5}{8} \cdot \frac{5}{3} = 1\frac{1}{24}$ f) $\frac{7}{4} \cdot \frac{8}{9} = 1\frac{5}{9}$

7 a)

·	$\frac{1}{4}$	$\frac{5}{6}$	$\frac{7}{12}$	$\frac{1}{3}$
$\frac{2}{3}$	$\frac{1}{6}$	$\frac{5}{9}$	$\frac{7}{18}$	$\frac{2}{9}$
$\frac{5}{11}$	$\frac{5}{44}$	$\frac{25}{66}$	$\frac{35}{132}$	$\frac{5}{33}$
5	$1\frac{1}{4}$	$4\frac{1}{6}$	$2\frac{11}{12}$	$1\frac{2}{3}$

b)

·	$\frac{3}{4}$	$1\frac{1}{8}$	$2\frac{1}{2}$
$\frac{1}{2}$	$\frac{3}{8}$	$\frac{9}{16}$	$1\frac{1}{4}$
$\frac{7}{9}$	$\frac{7}{12}$	$\frac{7}{8}$	$1\frac{17}{18}$
$\frac{4}{5}$	$\frac{3}{5}$	$\frac{9}{10}$	2

8

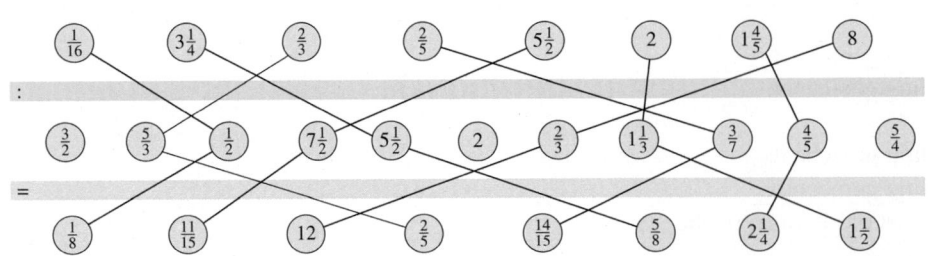

9 a) 38   **b)** 7020   **c)** 30,8   **d)** 1205   **e)** 150,2   **f)** 29 380   **g)** 1680
h) 160   **i)** 25 004   **j)** 855,5   **k)** 808,08

10 a) 10   **b)** 1   **c)** 7,8   **d)** 7,7   **e)** 12,6   **f)** 12   **g)** 0,9   **h)** 2,24   **i)** 1,78   **j)** 61,2
k) 0,42   **l)** 3,25

11 a) 18,75   **b)** 91,26   **c)** 1972   **d)** 7,68   **e)** 20,3   **f)** 547,8

12 a) 3,36   **b)** 17,829   **c)** 6,6472   **d)** 759,088   **e)** 72,9144   **f)** 256,345 25   **g)** 23,075
h) 145,7528   **i)** 619,515

13 a) 3,30 US-$ **b)** 34,69 £   **c)** 18,85 SFr   **d)** 7012,53 Yen

14 individuell verschiedene Möglichkeiten, z.B.: $12 \cdot 0,445$; $0,3 \cdot 17,8$; $89 \cdot 0,06$

15 a) ①   **b)** ④   **c)** ②   **d)** ①   **e)** ④

16 a) 0,49   **b)** 0,0863   **c)** 1,2   **d)** 0,54   **e)** 2   **f)** 27,9   **g)** 0,059   **h)** 9,1

17 a) 1,72   **b)** 0,300 147   **c)** 6,5225   **d)** 1,2875

18 a) 8,5   **b)** 0,0445   **c)** 4277

19 a) 125   **b)** 0,5   **c)** 0,25

20 a) 29,8   **b)**   8,32   **c)**   richtig

21 Kanister: 7,35 € pro Liter;   für 20 Liter: 6,35 € pro Liter;   Das ist günstiger (Mengenrabatt).

22 Hamster 8,89 cm ≈ 8,9 cm;   Bruder 1,24968 m ≈ 1,25 m

23 Gruppenfahrkarte $24,60 : 9 = 2,7\overline{3} \approx 2,73$;   Zehnerkarte $21 : 9 = 2,\overline{3} \approx 2,33$

24 minimal 320,5 cm;   23,5 cm, also $A = 7531,75$ cm^2 ≈ 75 dm^2
maximal 321,49 cm;   24,49 cm, also $A = 7873,2901$ cm^2 ≈ 79 dm^2

25 a) $4\frac{2}{3}$ **b)** 6   **c)** $\frac{5}{9}$ **d)** $1\frac{7}{9}$ **e)** $\frac{6}{13}$ **f)** $\frac{6}{7}$ **g)** $\frac{2}{3}$ **h)** $\frac{1}{2}$

26 a) $10\frac{5}{7}$ **b)** $\frac{10}{3}$ **c)** $\frac{4}{5}$ **d)** $\frac{27}{256}$

27 a) $6,34$; $6,345$; $6,\overline{345}$; $6,3\overline{45}$; $6,34\overline{5}$ **b)** $1,082$; $1,\overline{082}$; $1,08\overline{2}$; $1,0\overline{82}$

28 2,75 mal eine natürliche Zahl muss eine natürliche Zahl ergeben.
(sinnvolle) Anzahlen: $2,75 \cdot \mathbf{20} = 55$; $2,75 \cdot \mathbf{24} = 66$; $2,75 \cdot \mathbf{28} = 77$; $2,75 \cdot \mathbf{32} = 88$
Die Notenverteilung lässt sich immer aus den Werten der Produkte ableiten (verschiedene Möglichkeiten).

29 a) <   **b)** >   **c)** <   **d)** >

30 1 g Gold kostete ca. 21,98 €. Es ergaben sich ca. 184,63 € Materialkosten.

30 ① 2;   ② $\frac{1}{3}$;   ③ $\frac{2}{3}$;   ④ $\frac{3}{5}$;

Nachdiagnose

1 a) $\frac{3}{4} \cdot \frac{5}{8} = \frac{15}{32}$ ❷   **b)** $\frac{14}{6} \cdot \frac{13}{49} = \frac{26}{42}$ ❷   **c)** $\frac{27}{7} \cdot \frac{5}{6} = 3\frac{3}{14}$ ❷   **d)** $\frac{3}{14} \cdot \frac{21}{2} = 2\frac{1}{4}$ ❷

2 a) $\frac{16}{21}$ ❶   **b)** $\frac{17}{98}$ ❶   **c)** $\frac{5}{9}$ ❶   **d)** $10\frac{2}{3}$ ❶   **e)** $1\frac{4}{5}$ ❶   **f)** $1\frac{3}{4}$ ❶

64 **3**

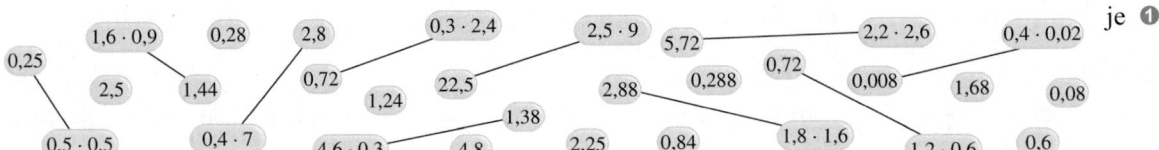

0,25 1,6 · 0,9 0,28 2,8 0,3 · 2,4 2,5 · 9 5,72 2,2 · 2,6 0,4 · 0,02 je ❶
2,5 1,44 0,72 22,5 2,88 0,288 0,72 0,008 1,68 0,08
1,24
0,5 · 0,5 0,4 · 7 1,38 1,8 · 1,6 0,6
4,6 · 0,3 4,8 2,25 0,84 1,2 · 0,6 0,6

4 **a)** 34,3915 ❷   **b)** 5,600 52 ❷

65 **5** **a)** 0,007 086 ❶ **b)** 5,036 ❶   **c)** 80 ❶   **d)** 3,8 ❶   **e)** 8,74 ❶   **f)** 2,213 ❶

6 z.B.: Händler 1 verlangt pro 1000 kg 210 €. ❷   Händler 2 verlangt pro 1000 kg 230 €. ❷
Händler 1 ist günstiger. ❶

7 Oliver erhält 223,77 US-$. ❷   Olivers Schwester erhält 214,89 £. ❷

Verbindung der Grundrechenarten

Ausgangsdiagnose

w	f	Bemerkungen oder Lösungswege können teilweise nur beispielhaft sein, weil es verschiedene Möglichkeiten geben kann.

66 **1**

w	f	
×		korrekte Berechnung: $(9,3 + 6,7) + (5,4 + 4,1)$
	×	erst dividieren: $0,3 + 1,4 = 1,7$
×		$\frac{3}{4} - \frac{3}{5} = \frac{3}{20}$
	×	erst Klammern, dann Punkt-, dann Strichrechnung: $5,4 + 8,1 \cdot 8 = 5,4 + 64,8 = 70,2$
	×	nicht durch 2 dividiert; $\frac{11}{8}$
×		Es wurde richtig gerechnet. $6 + 0,7 = 6,7$
×		Es wurde richtig gerechnet.
	×	Es kann auch der Bruch in eine Dezimalzahl umgewandelt und dann gerechnet werden.
	×	$\frac{1}{3} \neq 0,3$; Hier muss mit Brüchen gerechnet werden.
×		erst Punkt-, dann Strichrechnung: $1 + 0,7 = 1,7$
	×	Das Ergebnis ist falsch. $1 \cdot \frac{5}{7} = \frac{5}{7}$

2

w	f	
	×	Dies ist Inhalt des Assoziativgesetzes.
	×	Das Kommutativgesetz gilt nur für die Addition.
×		Es wurde richtig gerechnet.
	×	Besser so formulieren: „Punkt- vor Strichrechnung; Klammern beachten"
×		Das Distributivgesetz wurde richtig angewendet und richtig gerechnet.
	×	Das Distributivgesetz kann hier nicht angewendet werden.
	×	erst Punkt- dann Strichrechnung
×		Das Distributivgesetz wurde richtig angewendet und richtig gerechnet.
×		$(8 : 1) : 10 = 8 : 10 = 0,8$

67

3

w	f	
	×	Richtig ist 90 h (z.B.: $3 \cdot 24 + 0,75 \cdot 24 = 72 + 18 = 90$).
×		Es wurde richtig umgewandelt.
	×	375 ml < 400 ml
	×	$(240 \text{ g} + 2120 \text{ g}) : 8 = 2360 \text{ g} : 8 = 295 \text{ g}$
×		$6 \cdot (5,2 \text{ dm} + 48 \text{ dm}) = 6 \cdot 53,2 \text{ dm} = 319,2 \text{ dm}$
×		$8,4 € : 4 = 2,10 €$; Es sollte die Null hinterm Komma mitgeschrieben werden.

4

w	f	
	×	Es wurde falsch gerechnet. $527,5 + \mathbf{149,4} = 676,9$; Die Antwort ist dadurch nicht falsch geworden.
×		Die Sachaufgabe wurde korrekt gelöst.
×		Die Sachaufgabe wurde korrekt gelöst.

Förderangebot

68 **1** **a)** $\frac{21}{8} + \frac{5}{4} = 3\frac{7}{8}$ **b)** $\frac{1}{2} + \frac{5}{6} = 1\frac{1}{3}$ **c)** $\frac{3}{4} \cdot \frac{15}{4} = 2\frac{13}{16}$ **d)** $\frac{7}{9} + \frac{8}{3} - \frac{1}{6} = 3\frac{5}{18}$ **e)** $\frac{5}{12} + \frac{1}{4} = \frac{2}{3}$

f) $\left(\frac{1}{6} + \frac{11}{12}\right) : 2 = \frac{13}{24}$ **g)** $\frac{3}{4} - \frac{5}{14} = \frac{11}{28}$ **h)** $\frac{13}{4} \cdot 8 - \frac{18}{5} = 22\frac{2}{5}$ **i)** $2\frac{3}{8} + \frac{5}{12} = 2\frac{19}{24}$ **j)** $2\frac{4}{5} + 4\frac{2}{5} - \frac{13}{15} = 6\frac{1}{3}$

68

2 a) $2{,}08 - 1{,}28 = 0{,}8$ **b)** $0{,}5 + 0{,}7 = 1{,}2$ **c)** $0{,}3 + 0{,}8 = 1{,}1$ **d)** $40 + 400 = 440$
e) $0{,}254 \cdot 1{,}4 = 0{,}3556$ **f)** $2{,}75 - 0{,}77 = 1{,}98$ **g)** $6{,}75 + 124{,}08 = 130{,}83$ **h)** $3{,}9 - 0{,}4 = 3{,}5$
i) $25{,}56 + 31{,}584 - 1{,}854 = 55{,}29$

3 a) $\left(\frac{3}{4} - \frac{1}{4}\right) : \frac{5}{2} = \frac{1}{5}$ **b)** $\frac{2}{3} \cdot \left(\frac{3}{4} + \frac{3}{20}\right) = \frac{3}{5}$ **c)** $\left(\frac{3}{8} + \frac{1}{4}\right) \cdot \frac{2}{5} + \frac{2}{3} = \frac{11}{12}$ **d)** $\frac{5}{6} - \left(\frac{7}{10} \cdot \frac{3}{4} + \frac{9}{40}\right) = \frac{1}{12}$
e) $2\frac{1}{2} \cdot \frac{3}{4} - \left(\frac{3}{8} - \frac{1}{4}\right) = 1\frac{3}{4}$ **f)** $\frac{1}{4} \cdot \left(5 - \frac{1}{2}\right) = 1\frac{1}{8}$ **g)** $\frac{3}{8} \cdot \left(\frac{4}{5} + \frac{4}{5}\right) - \frac{1}{10} = 1$ **h)** $\left(\frac{3}{5} + \frac{3}{4}\right) \cdot \left(\frac{5}{3} - \frac{1}{3}\right) = 1\frac{4}{5}$

4 a) $0{,}75 + 0{,}75 = 1{,}5$ **b)** $35 : 5 = 7$ **c)** $0{,}8 \cdot 0{,}4 = 0{,}32$ **d)** $3{,}8 - 2{,}5 = 1{,}3$
e) $2{,}5 \cdot 1{,}2 = 3$ **f)** $8{,}1 : 3 = 2{,}7$ **g)** $0{,}75 + 4{,}5 - 0{,}625 = 5{,}875$ **h)** $1{,}6 + 3 \cdot 0{,}2 = 2{,}2$

5 a) $6{,}81$ **b)** $\frac{9}{40}$ **c)** $2{,}7$ **d)** $\frac{15}{4} = 3{,}75$ **e)** $\frac{3}{4} = 0{,}75$ **f)** $\frac{1}{2} = 0{,}5$ **g)** $\frac{1}{3}$
h) 3 **i)** $\frac{1}{5}$

69

6 a) **Punkt**-rechnung vor **Strich**-rechnung!
b) Brüche werden dividiert, indem man den **Dividenden** mit dem **Kehrwert** des **Divisors multipliziert.**

7 a) $3{,}65$ **b)** $1{,}5$ **c)** $4\frac{1}{7}$ **d)** 2 **e)** 55 **f)** $0{,}2$

8 a) $\frac{7}{8} + \frac{2}{5} - \frac{1}{2} = \frac{31}{40}$ **b)** $\frac{4}{5} - \frac{2}{3} + \frac{3}{10} = \frac{13}{30}$ **c)** $\frac{5}{12} + \frac{5}{18} + \frac{1}{6} = \frac{31}{36}$ **d)** $\frac{7}{30} - \frac{2}{15} + \frac{1}{10} = \frac{1}{5}$ **e)** $\frac{2}{3} + \frac{3}{4} - \frac{5}{12} = 1$
f) $\frac{9}{8} - \frac{1}{3} - \frac{3}{4} = \frac{1}{24}$ **g)** $1\frac{1}{3} + \frac{3}{7} + \frac{2}{21} = 1\frac{6}{7}$ **h)** $5\frac{1}{2} + \frac{3}{8} - \frac{5}{6} = 5\frac{1}{24}$ **i)** $\frac{2}{5} + 2\frac{1}{4} + 0{,}3 = 2\frac{19}{20}$

9 a) $5 + 0{,}75 = 5{,}75$ **b)** $6 \cdot 1{,}4 = 8{,}4$ **c)** $0{,}5 - 0{,}44 = 0{,}06$ **d)** $2{,}8 - 1{,}4 = 1{,}4$ **e)** $5{,}625 + 0{,}875 = 6{,}5$
f) $0{,}1 \cdot 7 = 0{,}7$ **g)** $0{,}2 \cdot 5 = 1$ **h)** $0{,}2 \cdot 25 = 5$ **i)** $19{,}68 - 9{,}5 = 10{,}18$

10

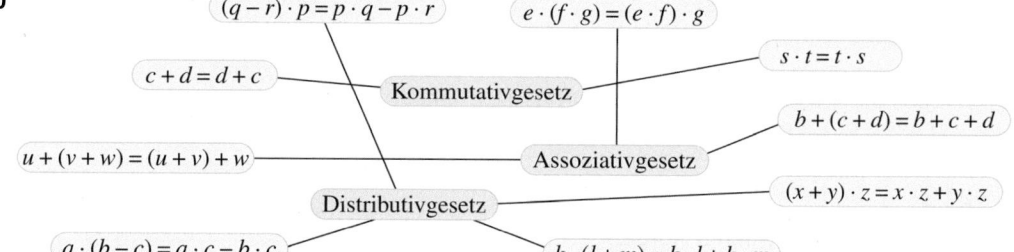

11 a) Assoziativ- und Kommutativgesetz;   Ergebnis richtig
b) Kommutativgesetz;   Ergebnis falsch
c) Assoziativ- und Kommutativgesetz;   Ergebnis richtig
d) Distributivgesetz;   Ergebnis falsch
e) Distributivgesetz;   Ergebnis falsch

70

12 a) $1 + \frac{7}{8} = 1\frac{7}{8}$ **b)** $1 + \frac{4}{5} = 1\frac{4}{5}$ **c)** $\frac{1}{4} \cdot \frac{1}{3} \cdot \frac{11}{12} = \frac{11}{144}$ **d)** $1 \cdot 1 \cdot \frac{1}{2} \cdot \frac{1}{3} = \frac{1}{6}$ **e)** $2\frac{5}{9} - \frac{1}{3} = 2\frac{2}{9}$
f) $3\frac{5}{6} + \frac{1}{5} + \frac{5}{6} = 4\frac{2}{3} + \frac{1}{5} = 4\frac{13}{15}$

13 a) $\frac{11}{5} - \frac{4}{3} = \frac{13}{15}$ **b)** $5\frac{1}{2} + 9 = 14\frac{1}{2}$ **c)** $1 \cdot \frac{128}{129} = \frac{128}{129}$ **d)** $\frac{27}{49} \cdot \frac{7}{13} = \frac{27}{91}$ **e)** $6\frac{1}{2} + 2\frac{1}{2} = 9$
f) $7 + \frac{23}{29} = 7\frac{23}{29}$ **g)** $2 + \frac{5}{7} = 2\frac{5}{7}$ **h)** $\frac{4}{7} \cdot \frac{1}{4} = \frac{1}{7}$ **i)** $4 \cdot \frac{1}{2} = 2$ **j)** $0{,}4 \cdot 0{,}7 = 0{,}28$
k) $0{,}8 \cdot 1 = 0{,}8$

14 a) $6{,}6 : 1{,}25 = 5{,}28$ **b)** $0{,}042 \cdot 0{,}41 = 0{,}017\,22$ **c)** $4{,}314 : 1{,}438 = 3$ **d)** $0{,}54 : 0{,}054 = 10$
e) $\frac{38}{35} \cdot \frac{5}{2} = 2\frac{5}{7}$ **f)** $\left(6 - 5\frac{11}{17}\right) \cdot 4\frac{2}{3} = \frac{3}{14} \cdot 4\frac{2}{3} = 1$ **g)** $\frac{83}{6} \cdot 2 - \frac{47}{6} : 47 = \frac{83}{3} - \frac{1}{6} = 27\frac{1}{2}$

15 Pauline hat richtig gerechnet. Allerdings wäre es geschickter gewesen, das Distributivgesetz anzuwenden.
$\frac{5}{3} \cdot \left(\frac{6}{5} + \frac{3}{8}\right) = \frac{5}{3} \cdot \frac{6}{5} + \frac{5}{3} \cdot \frac{3}{8} = 2 + \frac{5}{8} = 2\frac{5}{8}$

71

16 a) 105 min   **b)** $11{,}25$ dm   **c)** 34 mm   **d)** 2250 m   **e)** 5500 g   **f)** 140 min
g) 660 mm^2 **g)** 1580 Ct   **i)** 190 s   **j)** 7750 mg   **k)** 9375 kg   **l)** 436 dm^2

71 **17 a)** (50 dm + 6,1 dm) : 17 = 56,1 dm : 17 = 3,3 dm   **b)** 8470 g · 5 = 42 350 g = 42,35 kg
   c) 750 000 g − 48 g = 749 952 g = 749,952 kg   **d)** 160 min · 3 = 480 min = 8 h
   e) (18,90 € − 2,52 €) · 2 = 16,38 € · 2 = 32,76 €   **f)** 4 · (560 mg + 195 mg) = 4 · 755 mg = 3020 mg
   g) 75 cm + 4 · 60 cm = 75 cm + 240 cm = 315 cm

18 5 · 2 · (2,5 km + 3,75 km) = 10 · 6,25 km = 62,5 km   Sie fahren in der Woche insgesamt 62,5 km.

19 (978 Ct − 150 Ct − 12 · 15 Ct) : 12 = (828 Ct − 180 Ct) : 12 = 648 Ct : 12 = 54 Ct
   $\frac{3}{4}$ l Mineralwasser kosten 54 Ct. 1 l Mineralwasser kostet 72 Ct (54 Ct : 0,75).
   Der Literpreis ist also teurer als 70 Ct.

20 (8,5 + 10,75 + 9,5 + 4,2) · 15 € = 32,95 · 15 € = 494,25 €   Die Materialkosten betragen 494,25 €.

72 **21 a)** 60 cm bis 2000 cm
   b) 0,5% von 12 m sind 12 m · 0,005 = 6 cm Abweichung, also 11,94 m bis 12,06 m.
   c) 1% von 12 m sind 12 m · 0,01 = 12 cm Abweichung, also 11,88 m bis 12,12 m.
   d) 1,5 mm : 0,5% = 300 mm = 30 cm   Bei 30 cm sind die Messabweichungen annähernd gleich.

22 Die Summe der Anzahlen muss durch die Anzahl der Messungen geteilt werden, nicht durch die Summe der
   Uhrzeiten.
   $d = 17,6$ Auf der Brücke waren durchschnittlich 18 Autos.

23 44,15 : 12 ≈ 3,68   Das arithmetische Mittel beträgt ca. 3,68 m.

24 a) Angela erhält $1 - \frac{1}{4} - \frac{1}{8} = \frac{5}{8}$ aller abgegebenen Stimmen.
   Also sind $\frac{1}{8}$ aller Stimmen 9 und somit insgesamt 72 Wähler. Frank erhielt 18 Stimmen $\left(\frac{2}{8}\right)$ und Guido 9.
   b) Angela hat 112,5% der Stimmen des letzten Jahres erhalten, das waren 40 (45 : 1,125).

73 **25** $1 - \frac{1}{8} - \frac{1}{4} - \frac{2}{5} = \frac{9}{40}$; $\frac{9}{40} \cdot 2800$ km = 630 km   Die Viertklässler liefen 630 km.

26

Note	1	2	3	4	5	6
Anzahl	2	6	16	4	4	0

8 Note 1 und 2; 8 : 4 = 2, also 2 Note 1 und 6 Note 2
Hälfte Note 3, also 16
32 − 24 = 8, also je 4 Note 4 und Note 5
$d = (1 \cdot 2 + 2 \cdot 6 + 3 \cdot 16 + 4 \cdot 4 + 5 \cdot 4) : 32$
$d = 3,0625$

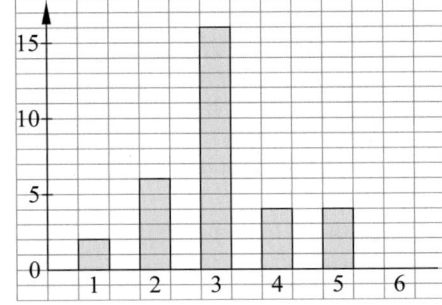

27 7 · 0,75 l = 5,25 l; 5,25 : 0,7 = 7,5
   Es könnten 7 Flaschen zu 0,7 l gefüllt werden. Eine halbe Flasche Rest bliebe, also 0,35 l.

28 Dreiviertel ist zu zahlen: 0,75 · 650 € = 487,50 €
   487,50 € + 50 € = 537,50 €; 537,50 € : 5 = 107,50 €   Die Monatsrate beträgt 107,50 €.

Nachdiagnose

74 **1** 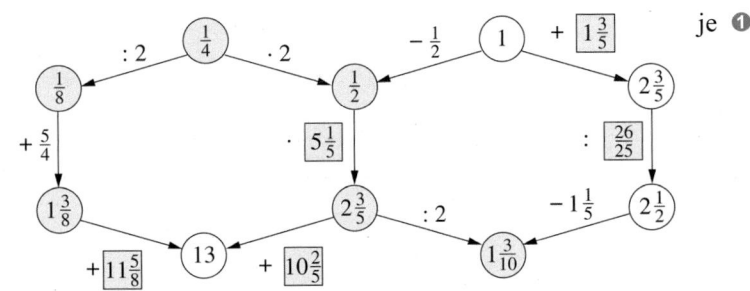   je ❶

2 a) $\frac{1}{2}$ ❷   **b)** 2 ❷   **c)** $\frac{3}{5}$ ❷   **d)** 0,8 ❷   **e)** $1\frac{3}{10}$ ❷   **f)** 3 ❷

3 a) 11 ❷　**b)** $2\frac{7}{15}$ ❷　**c)** $\frac{109}{110}$ ❷　**d)** 6,7 ❷　**e)** 50,41 ❷　**f)** 33 ❷　**g)** 351,15 ❷

4 a) $11\frac{4}{5}$ ❶　**b)** 3,64 ❶　**c)** $\frac{17}{23}$ ❶　**d)** $3\frac{7}{22}$ ❶　**e)** 6,3 ❶　**f)** 0,5 ❶

5 a) 3, kg ❶　**b)** 90 m ❶　**c)** 60 cm ❶　**d)** 4490 ml ❶

6 36,55 € · 0,8 : 2 = 14,62 €　　Es werden 14,62 € gespart. ❷

7 5009 g : 10 = 500,9 g ❷
z.B.: Im Durchschnitt stimmt der angegebene Wert annähernd mit dem tatsächlichen Gewicht überein. Ganze Naturprodukte können nie grammgenau zusammengestellt werden. Außerdem ergeben sich Gewichtsänderungen z.B. durch Wasserverdunstung. ❶

8 (15 · 0,7 + 8 · 1,5 + 20 · 0,75 + 0,75 · 30) : 0,25 = 60 : 0,25 = 240 ❸
Es können 240 0,25-Liter-Gläser gefüllt werden. ❶

Etwas andere Aufgaben

Bruchzahlen im alten Ägypten

Es wurden die Zahlen 154 und 3291 dargestellt.　　Für 63 ergibt sich  und für 208 ⟨⟩.

Die Stammbrüche für die Hieroglyphen-Schreibformen heißen $\frac{1}{5}$, $\frac{1}{12}$ und $\frac{1}{28}$.

Als Hieroglyphen-Schreibformen ergibt sich ▭, ⬭ und ⬭.

Die Brüche für die Hieroglyphen-Schreibformen heißen $\frac{1}{4} + \frac{1}{28} = \frac{2}{7}$ sowie $\frac{1}{2} + \frac{1}{17}\ \frac{1}{28}$.

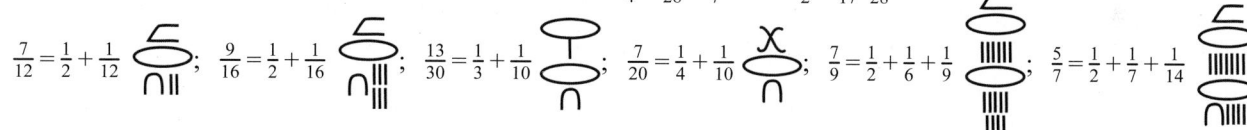

$\frac{7}{12} = \frac{1}{2} + \frac{1}{12}$;　$\frac{9}{16} = \frac{1}{2} + \frac{1}{16}$;　$\frac{13}{30} = \frac{1}{3} + \frac{1}{10}$;　$\frac{7}{20} = \frac{1}{4} + \frac{1}{10}$;　$\frac{7}{9} = \frac{1}{2} + \frac{1}{6} + \frac{1}{9}$;　$\frac{5}{7} = \frac{1}{2} + \frac{1}{7} + \frac{1}{14}$

Bruchzahlen bei den Römern

z.B.: Es gibt Zeichen für Stammbrüche, die in der linken Spalte dargestellt sind. Dabei fällt auf, dass 12 häufig als Teiler der Nennerzahl vorkommt.
Aus diesen Zeichen werden durch Zusammenfügen weitere Brüche durch Addition abgeleitet. Das ist in der rechten Spalte zu sehen.

$\frac{3}{4} = \frac{1}{2} + \frac{1}{4}$;　$\frac{1}{6} = \frac{2}{12}$;　$\frac{1}{8} = \frac{1}{24} + \frac{1}{12}$;　$\frac{1}{9} = \frac{1}{12} + \frac{2}{72}$;　$\frac{5}{12} = \frac{1}{3} + \frac{1}{12}$;　$\frac{2}{3} = \frac{1}{2} + \frac{2}{12}$;　$\frac{7}{12} = \frac{1}{2} + \frac{1}{12}$;　$\frac{10}{12} = \frac{1}{2} + \frac{1}{3}$;　$\frac{11}{12} = \frac{1}{2} + \frac{1}{3} + \frac{1}{12}$

Merkwürdige Erbteilung

Das Erbteil wurde nicht vollständig verteilt. $\frac{1}{2} + \frac{1}{3} + \frac{1}{9} = \frac{17}{18}$; $\frac{1}{18}$ Kamel bleibt übrig, sodass der „Trick" mit dem Dazustellen des Kamels und dem dann gerechten Aufteilen funktioniert.

Gesamtdiagnose

 1 a) $\frac{1}{8}$ ❶　**b)** $\frac{87}{100}$ ❶　**c)** 0 ❶　**d)** $\frac{115}{48} = 2\frac{19}{48}$ ❶　**e)** $\frac{8}{9}$ ❶　**f)** $\frac{23}{24}$ ❶

2 a) 7 ❶　**b)** 3 ❶　**c)** 1 ❶　**d)** 3 ❶　**e)** 2 ❶　**f)** 5 ❶

3 $\left(10\frac{7}{8} + \frac{2}{3}\right) - \left(5\frac{1}{4} - 2\frac{2}{3}\right) = \frac{277}{24} - \frac{31}{12} = 8\frac{23}{24}$ ❷

4 a) 2,193 54 ❶　**b)** 52,5564 ❶　**c)** 22,655 ❶　**d)** 47,055 ❶

5 a) (< 0,007) z.B.: 0,006; 0,005 ❶　　　　**b)** (< 0,2) z.B.: 0,1; 0,05 ❶
　c) (< 0,075) z.B.: 0,07; 0,06 ❶　　　　**d)** (< 0,03) z.B.: 0,03; 0,02 ❶

6 a) $\frac{2}{3}$ ❶　**b)** $\frac{1}{2}$ ❶　**c)** $\frac{1}{2}$ ❶　**d)** $\frac{15}{32}$ ❶　**e)** $\frac{3}{10}$ ❶　**f)** $50\frac{2}{3}$ ❶
　g) 2 ❶　**h)** 10 ❶　**i)** $\frac{21}{5} = 4\frac{1}{5}$ ❶

7 a) $\frac{3}{13}$ ❶　**b)** 4 ❶　**c)** $\frac{35}{8} = 4\frac{3}{8}$ ❶　**d)** $\frac{22}{3} = 7\frac{1}{3}$ ❶　**e)** 30 ❶　**f)** $\frac{9}{16}$ ❶

79 **8 a)** 9,9 ❶ **b)** 1,02 ❶ **c)** 20 ❶ **d)** 6 ❶ **e)** 0,1 ❶ **f)** 1,686 ❶ **g)** 30,9 ❶
h) 0,2 ❶

9 a) 23,04 ❶ **b)** 2,304 ❶ **c)** 230400 ❶ **d)** 480 ❶

10 a) 24,8 ❶ **b)** 7,25 ❶ **c)** 237,5 ❶

80 **11 a)** $7\frac{1}{2} + 2\frac{1}{2} = 10$ ❶ **b)** $1\frac{2}{3} - 1\frac{2}{3} = 0$ ❶ **c)** $11 + 10 = 21$ ❶ **d)** $27 + 7,75 = 34,75$ ❶

12 a) $\frac{5}{12}$ ❷ **b)** $33\frac{1}{16}$ ❷ **c)** 0,046 ❷ **d)** 2,4 ❷

13 a) $120 : 0,75 = 160$ Es können 160 Flaschen gefüllt werden. ❶
b) $3,75 + 11 \cdot 0,75 = 12$ 12 l Saft gehen verloren. ❷ $\frac{12}{160} = \frac{3}{40}$ des Saftes gehen verloren. ❶

14 $(75 \text{ min} + 120 \text{ min} + 55 \text{ min} + 140 \text{ min} + 95 \text{ min}) : 5 = 485 \text{ min} : 5 = 97 \text{ min}$
Vera braucht durchschnittlich 97 min (1 h 37 min) pro Tag. ❹

Was sagt ein Bruch aus?

Jede Bruchzahl kann auch als Dezimalzahl, man sagt auch Dezimalbruch, geschrieben werden.

Wie werden Bruchteile von Größen berechnet?

Wie kann man zwei Brüche miteinander vergleichen?

Verhältnisse können mithilfe von Brüchen angegeben werden.

Bruchzahlen

Was bedeutet „Kürzen" und „Erweitern" eines Bruchs?

Brüche mit dem Nenner 100 können einfach als Prozentangaben geschrieben werden.

Brüche können mithilfe von Kreis- oder Rechteck-flächen veranschaulicht werden.

Inhaltsübersicht

Diese Inhaltsübersicht soll dir helfen, schnell zu erfassen, welche Zusammenhänge und Begriffe mit dem Thema verbunden sind. Du kannst und solltest die Übersicht auch nach deinen eigenen Vorstellungen erweitern bzw. ergänzen, sodass sie dir auch bei der Bearbeitung der Aufgaben nützlich sein kann.

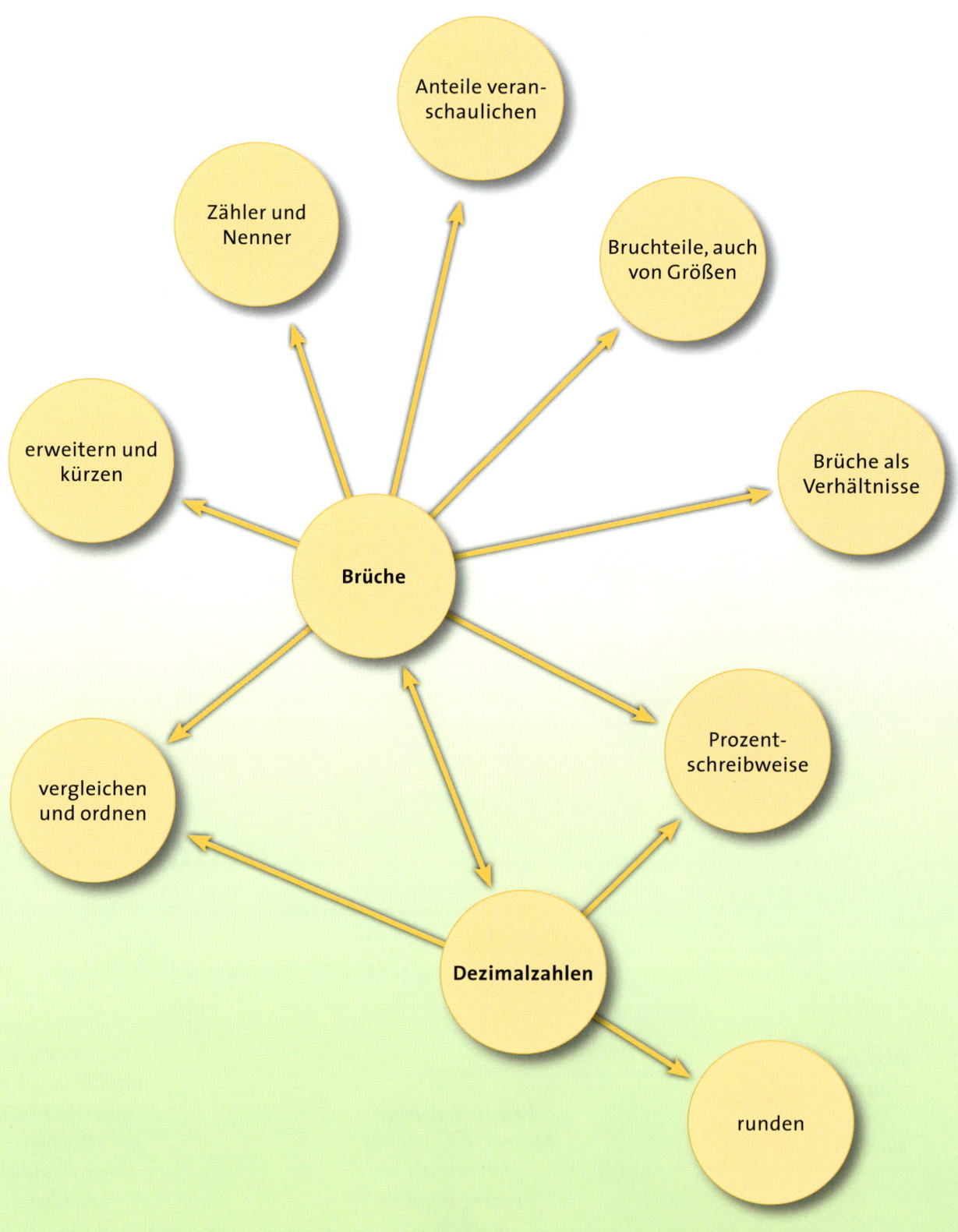

Inhalt	Beispiel

Mit Brüchen können Anteile von Ganzen beschrieben werden. Dabei entspricht der Nenner der Anzahl aller gleichen Teile des Ganzen. Der Zähler entspricht der Anzahl der ausgewählten Teile.

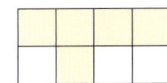 $\frac{5}{8}$ des Rechtecks

Mit Brüchen wird auch das Teilen von Ganzen beschrieben. Der Zähler gibt an, von wie vielen Ganzen ausgegangen wird. Der Nenner gibt an, in wie viele gleiche Teile geteilt wird. Die Bruchschreibweise kann als Kurzform der Division angesehen werden. Somit darf der Nenner eines Bruches nicht Null sein.

Beim Teilen von 3 in 4 Teile entsteht der „Anteil" $\frac{3}{4}$.

$\frac{3}{4}$ entspricht dem Wert des Quotienten bei der Division

3 : 4.

Mit Brüchen können Anteile von Größen angegeben werden. Man teilt die (sinnvoll in eine kleinere Einheit umgewandelte) Größe durch den Nenner und multipliziert mit dem Zähler.

$\frac{2}{5}$ von 1 kg = $\frac{2}{5}$ von 1000 g;   1000 : 5 = 200; 200 · 2 = 400

$\frac{2}{5}$ von 1 kg = 400 g

Beim Kürzen bzw. Erweitern von Brüchen werden Zähler und Nenner jeweils mit derselben Zahl (größer als 0) multipliziert bzw. durch dieselbe Zahl dividiert. Der Wert des Bruches bleibt dabei unverändert.

$\frac{2}{3} = \frac{2 \cdot 4}{3 \cdot 4} = \frac{8}{12}$ $\frac{9}{15} = \frac{9 : 3}{15 : 3} = \frac{3}{5}$

Der Vergleich von Brüchen erfolgt über Brüche, die gleiche Nenner haben. Dabei werden die Zähler verglichen.

$\frac{2}{3} > \frac{3}{5}$, denn $\frac{2}{3} = \frac{10}{15}$; $\frac{3}{5} = \frac{9}{15}$ und $\frac{10}{15} > \frac{9}{15}$, weil 10 > 9 ist.

Kann ein Bruch als Bruch mit dem Nenner 100 geschrieben werden, ergibt sich daraus die Prozentschreibweise. Umgekehrt kann man aus der Prozentangabe den entsprechenden Anteil in Bruchschreibweise ableiten.

$\frac{3}{5} = \frac{60}{100} = 60\%$

$45\% = \frac{45}{100} = \frac{9}{20}$

Brüche können als Dezimalzahlen geschrieben werden und umgekehrt. Dabei helfen Zehnerbrüche.

$\frac{7}{25} = \frac{28}{100} = 0,28$ $1,5 = \frac{15}{10} = \frac{3}{2} = 1\frac{1}{2}$

Brüche können durch Division in Dezimalzahlen umgewandelt werden. Es können auch periodische Dezimalzahlen vorkommen.

$\frac{2}{5} = 0,4$ 2 : 5 = 0,4
        20
      − 20
        0

$\frac{5}{6} = 0,8\overline{3}$ 5 : 6 = 0,83**3**…
        50
      − 48
        20
      − 20
        2**0**
        ⋮

Bei Dezimalzahlen wird der Vergleich und das Ordnen über die Stellenwerte durchgeführt.

3,48**25** > 3,48**19**;   5,013**2** < 5,013 (5,013**3**…)

Dezimalzahlen werden nach den bekannten Regeln an der entsprechenden Stelle gerundet.

1,27**6**49 ≈ 1,27**6**;   0,304 **75** ≈ 0,304**8**

Vorwissen

Aufgabe	w	f	Bemerkungen oder richtige Lösungen	Richtig gelöst? ✓
1 Bei einem Parallelogramm sind die gegenüberliegenden Seiten parallel.				
Ein Viereck mit vier gleich langen Seiten ist ein Quadrat.				
Bei einem Kreis ist der Radius doppelt so lang wie der Durchmesser.				
Es gibt Rechtecke, die auch Quadrate sind.				
Dies ist ein Parallelogramm.				

Geometrische Figuren   S. 10, Nr. 1 ←

Aufgabe	w	f	Bemerkungen oder richtige Lösungen	Richtig gelöst? ✓
2 $46 + 37 - 58 = 25$				
$67 \cdot 14 = 928$				
Der Wert des Produktes aus 12 und 6 ist 82.				
126 um 47 vermindert ergibt 79.				
$348 \cdot 25$ $\quad 696$ $\quad 1740$ $\quad 2436$				
Beim Teilen von 47 in 7 gleiche Teile bleibt ein Rest von 5.				
24 ist 12-mal in 296 enthalten.				
$54 : 3 = 18$				
$153 : 17 = 8$				
$8504 : 8 = 163$ -8 $\quad 50$ -48 $\quad\, 24$ $\quad -24$ $\qquad 0$				
$4 + 3 \cdot 8 = 56$				
$36 - (12 - 3) = 21$				

Grundrechenarten   S. 10, Nr. 2, 3 ←

geübt?

geübt?

Aufgabe	w	f	Bemerkungen oder richtige Lösungen	Richtig gelöst? ✓

3

Die ersten fünf Primzahlen lauten 1, 2, 3, 5, 7.				
Eine Primzahl ist nur durch sich selbst und durch 1 teilbar.				
$330 = 2 \cdot 3 \cdot 5 \cdot 11$				
$1950 = 2 \cdot 3 \cdot 5 \cdot 5 \cdot 13$				

Zerlegung in Primfaktoren   S. 11, Nr. 4, 5 ←

4

$24\,\text{m} = 24\,000\,\text{mm}$				
$756\,\text{kg} = 7506\,\text{g}$				
$89\,605\,\text{ml} = 896,05\,\text{l}$				
Steve Fossett umrundete im Jahr 2002 als Erster die Erde mit einem Heißluftballon. Er brauchte dazu $13\frac{1}{2}$ Tage, das sind ungefähr 312 h.				
$8383\,\text{cm}^2 < 838,3\,\text{dm}^2$				
$2\,\text{m}^2 = 20\,000\,\text{cm}^2$				
$4\,\text{d} > 92\,\text{h}$				
$256\,\text{mm}^3 = 2,56\,\text{cm}^3$				
$2,4\,\text{l} = 2400\,\text{cm}^3$				
$4\,\text{kg} : 5 = 20\,\text{g}$				

Umgang mit Größen   S. 11, Nr. 6, 7 ←

5

18 wurde am Zahlenstrahl richtig markiert.				

4   18   30

120   140   160

Der erste Einteilungsstrich rechts neben 120 muss mit 125 beschriftet werden.				
Die Einteilungsstriche am Zahlenstrahl haben im Heft immer 1 cm Abstand.				

Darstellung von Zahlen am Zahlenstrahl   S. 11, Nr. 8, 9 ←

geübt?

Vorwissen

Basisaufgaben

Geometrische Figuren

1 Bestimme die geometrische Figur und gib charakteristische Eigenschaften an.

a) 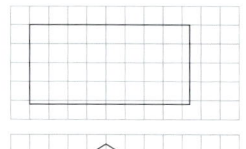   b) 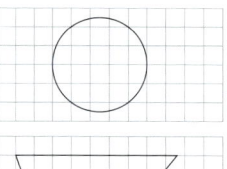   c) 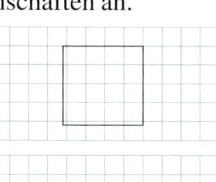   d)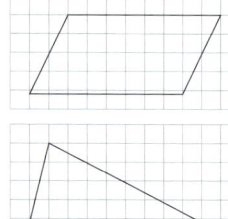

e) ![e](...)   f) ![f](...)   g) ![g](...)   h) ![h](...)

a) _____

b) _____

c) _____

d) _____

e) _____

f) _____

g) _____

h) _____

Grundrechenarten

2 Berechne im Kopf.

a) $47 + 56 =$ _____ b) $123 - 64 =$ _____ c) $8 \cdot 12 =$ _____ d) $96 : 3 =$ _____

e) $324 + 175 =$ _____ f) $416 - 121 =$ _____ g) $13 \cdot 7 =$ _____ h) $60 : 12 =$ _____

i) $239 + 97 =$ _____ j) $231 - 87 =$ _____ k) $15 \cdot 24 =$ _____ l) $612 : 102 =$ _____

3 Berechne schriftlich.

a) $26\,455 + 6815 =$ _____

b) $34\,712 - 15\,686 =$ _____

c) $643 \cdot 1527 =$ _____

d) $208 \cdot 34\,506 =$ _____

e) $63\,136 : 16 =$ _____

f) $5712 : 24 =$ _____

Zerlegung in Primfaktoren

4 Streiche alle Zahlen durch, die keine Primzahlen sind.

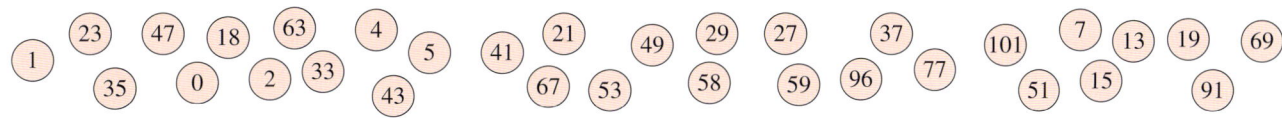

5 Zerlege in Primfaktoren.

a) 110 = _____

b) 1596 = _____

c) 378 = _____

d) 12 375 = _____

e) 10 725 = _____

f) 1001 = _____

Umgang mit Größen

6 Rechne in die in der Klammer angegebene Einheit um.

a) 75 kg (g) _____

b) 105 m (dm) _____

c) 82 l (ml) _____

d) 4,50 € (Ct) _____

e) 750 mm (cm) _____

f) 510 min (h) _____

g) 23 km (m) _____

h) 12 h (min) _____

i) 500 g (mg) _____

j) 46 cm (mm) _____

k) 8621 Ct (€) _____

l) 5 h (s) _____

m) 23 cm^2 (dm^2) _____

n) 15 m^3 (dm^3) _____

o) 17 cm^2 (mm^2) _____

p) 2 ha (m^2) _____

q) 31 l (cm^3) _____

r) 876 cm^3 (mm^3) _____

7 Setze <, > oder = richtig ein.

a) 5 l ☐ 600 ml

b) 20 m ☐ 250 dm

c) 73 kg ☐ 8 000 000 mg

d) 3 h ☐ 160 min

e) 40 000 kg ☐ 36 t

f) 780 s ☐ 13 min

g) 198 h ☐ 8 d

h) 50 000 mm ☐ 56 m

i) 23 cm^3 ☐ 2300 mm^3

j) 3600 cm^2 ☐ 360 dm^2

k) 19 l ☐ 19 000 cm^3

l) 15 ha ☐ 1500 m^2

Darstellung von Zahlen am Zahlenstrahl

8 Markiere die Zahlen 8, 5, 19, 12 und 15 auf dem Zahlenstrahl.

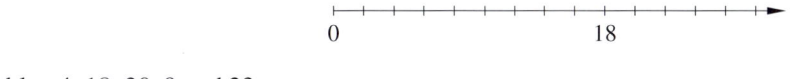

9 Zeichne einen Zahlenstrahl und markiere die Zahlen 4, 18, 30, 9 und 23.

Vorwissen

Kreuze gleich nach der Fertigstellung der Aufgabe an, wie du mit der Lösung der Aufgabe zurechtgekommen bist.
Trage später nach dem Vergleich mit den Lösungen ein, wie viele Aufgaben du richtig gelöst hast.

1 Ergänze zu der angegebenen geometrischen Figur.

a) Quadrat

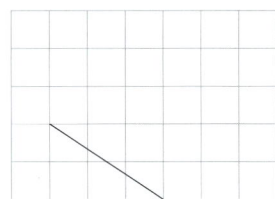

b) Drachen

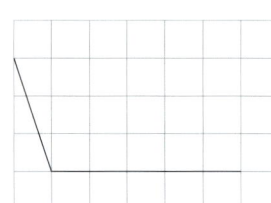

c) Trapez, bei dem die parallelen Seiten insgesamt 5 cm lang sind

Geometrische Figuren

2 Berechne im Kopf.

a) $96 + 67 =$ _____

b) $452 - 280 =$ _____

c) $7 \cdot 14 =$ _____

d) $78 : 6 =$ _____

Grundrechenarten

3 Berechne schriftlich.

a) $7458 + 23\,217 =$ _____

b) $86\,412 - 9687 =$ _____

c) $3485 \cdot 26 =$ _____

d) $10\,304 : 14 =$ _____

Grundrechenarten

4 Gib in a) alle Primzahlen zwischen 30 und 50 an und zerlege die Zahlen in b) in Primfaktoren.

a) _____

b) $936 =$ _____

$10\,948 =$ _____

Zerlegung in Primfaktoren

5 Schreibe den Text mit einer sinnvollen Größenangabe.

a) Luisa kauft 10 000 g Kartoffeln. _____

b) Stefans Gecko ist 240 mm lang. _____

c) Peter joggt 2040 s durch den Wald. _____

d) Der Elefant im Zoo wiegt 6 000 000 g. _____

e) Svenja wohnt 40 000 dm von ihrer Oma entfernt. _____

Umgang mit Größen   ☹ ☺ ☺ ☺   ◹ 5

6 Rechne in die in der Klammer angegebene Einheit um.

a) 320 cm (m) _____   b) 42 € (Ct) _____   c) 765 g (kg) _____

d) 22 cm^2 (mm^2) _____   e) 5 cm^3 (dm^3) _____   f) 270 min (s) _____

g) 3,2 t (kg) _____   h) 2400 mm (m) _____   i) 8620 m^2 (a) _____

Umgang mit Größen   ☹ ☺ ☺ ☺   ◹ 9

7 Markiere die Zahlen 30, 31, 18, 21, 15 und 27 auf dem gegebenen Zahlenstrahl.

16   28

Darstellung von Zahlen am Zahlenstrahl   ☹ ☺ ☺ ☺   ◹ 6

8 Zeichne einen Zahlenstrahl und markiere die Zahlen 140, 260, 90, 210 und 320.

Darstellung von Zahlen am Zahlenstrahl   ☹ ☺ ☺ ☺   ◹ 6

Solltest du bei Aufgaben noch weiteren Übungsbedarf haben, dann schau in der Ausgangsdiagnose nach, welches Angebot dir zu dem jeweiligen Thema zur Verfügung steht.

S. 8, 9 ←

Vorwissen

Bruchteile

Aufgabe	w	f	Bemerkungen oder richtige Lösungen	Richtig gelöst? ✓

1 Zu der insgesamt eingefärbten Fläche wurde der zugehörige Bruchteil angegeben.

$\frac{11}{45}$

$\frac{2}{3}$

$\frac{2}{6}$

$\frac{1}{9}$

Bruchteile darstellen   S. 16, Nr. 1, 2, 3 ←

2 $\frac{2}{5}$ von 1 kg sind 400 g.

$\frac{2}{3}$ von 2 h sind 90 min.

$\frac{3}{4}$ dm sind 75 mm.

$\frac{4}{7}$ von 2,1 cm² sind 1200 mm².

$\frac{3}{8}$ cm³ sind 375 mm³.

$\frac{1}{3}$ min sind 2 s.

$\frac{54}{125}$ t sind 434 kg.

Bruchteile von Größen   www 014-1   S. 16, Nr. 4, 5 ←

3 Von den 36 kg Saatgut sind noch 24 kg übrig, das sind $\frac{2}{3}$ der Gesamtmenge.

Sandras Aquarium fasst 60 l Wasser. Zum Reinigen will sie es bis auf $\frac{1}{4}$ des Inhalts leeren. Sie hat dann 45 l entnommen.

Nachdem Max $\frac{3}{4}$ der Strecke seines 2000-m-Laufes geschafft hatte, musste er nur noch 500 m laufen.

Bruchteile von Größen   S. 17, Nr. 6, 7 ←

Aufgabe	w	f	Bemerkungen oder richtige Lösungen	Richtig gelöst? ✔
4 Das Verhältnis der Anzahl der blauen zur Anzahl der roten Kugeln ist $7:12$.				
500 ml Saft im Verhältnis $1:2$ mit Wasser verdünnt ergeben 1 l Saftschorle.				
Laura vergrößert für ihr Referat eine 5 cm hohe Zeichnung am Kopierer im Verhältnis $1:6$. Die Zeichnung ist in der Kopie dann 35 cm hoch.				

Bruchteile als Verhältnisse S. 17, Nr. 8, 9, 10 ←

geübt?

Aufgabe	w	f	Bemerkungen oder richtige Lösungen	Richtig gelöst? ✔
5 $\frac{2}{7} = \frac{10}{28}$				
$\frac{64}{116} = \frac{16}{19}$				
$\frac{30}{42} = \frac{10}{14} = \frac{5}{7}$				
$\frac{546}{1690} = \frac{273}{845} = \frac{21}{55}$				
In der Darstellung ist erkennbar: $\frac{3}{7} = \frac{9}{21}$.				

Kürzen und erweitern S. 18, Nr. 11, 12, 13, 14, 15, 16, 17 ←

geübt?

Aufgabe	w	f	Bemerkungen oder richtige Lösungen	Richtig gelöst? ✔
6 Auf dem Zahlenstrahl wurden $\frac{3}{10}$, $\frac{4}{5}$, $\frac{2}{4}$, $\frac{2}{20}$, $\frac{1}{5}$ und $\frac{8}{20}$ richtig markiert.				
$\frac{7}{15} < \frac{9}{20}$				
$\frac{2}{6} < \frac{2}{3} < \frac{7}{12}$				
$\frac{15}{24}$ liegt auf dem Zahlenstrahl genau in der Mitte zwischen $\frac{4}{6}$ und $\frac{3}{4}$.				

Vergleichen und ordnen (ww) 015-1 S. 18, Nr. 18, S. 19, Nr. 19, 20 ←

geübt?

Hast du alles richtig gemacht bzw. hast du entsprechend geübt, solltest du auf jeden Fall auch komplexe Aufgaben lösen, bevor du dich dem nächsten Thema widmest.

S. 19, Nr. 21, 22, 23 ←

geübt?

Bruchteile

Basisaufgaben

Bruchteile darstellen

1 Gib an, welcher Bruchteil der Fläche grün eingefärbt ist.

a)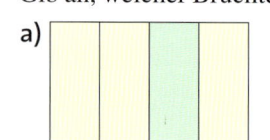

b)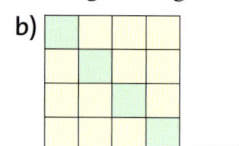

c)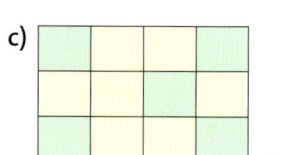

d)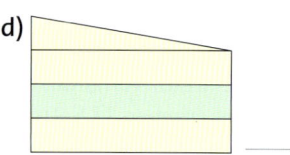

2 Gib an, welcher Bruchteil der Fläche rot bzw. blau eingefärbt ist.

a) 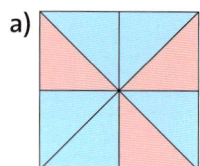    rot: _____   blau: _____

b) 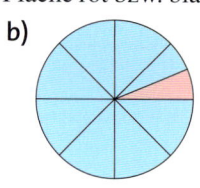   rot: _____   blau: _____

c) 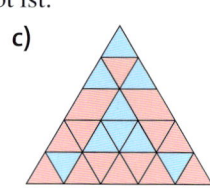   rot: _____   blau: _____

d) 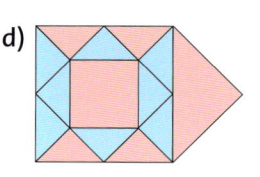   rot: _____   blau: _____

3 Zeichne die angegebene geometrische Figur und markiere den vorgegebenen Bruchteil farbig.

a) Rechteck mit $A = 20\,cm^2$;   Markiere $\frac{3}{5}$.

b) Kreis mit $r = 2\,cm$;   Markiere $\frac{5}{8}$.

Bruchteile von Größen

4 Bestimme den Bruchteil der Größe.

a) $\frac{1}{4}$ von 224 kg _____

b) $\frac{3}{4}$ von 160 l _____

c) $\frac{3}{5}$ von 265 € _____

d) $\frac{7}{12}$ von 816 km _____

e) $\frac{5}{6}$ von 546 dm _____

f) $\frac{7}{9}$ von 4347 h _____

5 Wandle in die nächstkleinere Einheit um.

a) $\frac{1}{12}$ min _____

b) $\frac{5}{8}$ t _____

c) $\frac{9}{10}$ m _____

d) $\frac{2}{25}$ € _____

e) $2\frac{1}{3}$ h _____

f) $5\frac{3}{4}$ g _____

6   Klara besitzt 84 Bücher. $\frac{1}{4}$ davon sind Krimis. $\frac{2}{3}$ ihrer Bücher sind Taschenbücher. Wie viele Krimis bzw. Taschenbücher hat Klara?

_____

_____

_____

7   Ein Gärtner pflanzt auf seiner 72 m² großen Gartenfläche Bohnen, Karotten und Salat an. Als Fläche für den Salat hat er 12 m² des Gartens vorgesehen. Welchen Bruchteil der Gartenfläche nimmt der Salat ein und welcher Bruchteil bleibt für Bohnen und Karotten?

_____

_____

_____

Bruchteile als Verhältnisse

8   Gib das Verhältnis der Anzahl der roten zur Anzahl der gelben Gummibärchen an.

Ⓐ   _____   Ⓑ   _____

Von welchem Teller mit dieser Gummibärchen-Mischung würdest du mit geschlossenen Augen eines ziehen, wenn du am liebsten ein rotes haben möchtest? Begründe.

_____

_____

9   Der alkoholfreie Cocktail „Lucky-Driver" wird nach dem hier abgedruckten Rezept gemixt.
Gib jeweils den Bruchteil der einzelnen Inhaltsstoffe dieses Cocktails an.

_____

Lucky-Driver
8 cl Orangensaft
4 cl Maracujasaft
2 cl Zitronensaft
2 cl Grenadine
Die Zutaten im Mixer cremig rühren, dann in ein hohes Becherglas füllen.

10 In einem Fußballverein ist das Verhältnis der Anzahl von Jungen zu Mädchen 3 : 5.
Der Verein hat insgesamt 208 jugendliche Mitglieder.
Bestimme die Anzahl der Jungen bzw. Mädchen.

_____

_____

Bruchteile

11 Erweitere mit 4.

a) $\frac{1}{2} = $ _____   b) $\frac{2}{5} = $ _____   c) $\frac{3}{8} = $ _____   d) $\frac{9}{11} = $ _____   e) $\frac{47}{52} = $ _____   f) $\frac{53}{61} = $ _____

12 Erweitere mit der in Klammern angegebenen Zahl.

a) $\frac{3}{8} = $ _____ (5)   b) $\frac{4}{7} = $ _____ (8)   c) $\frac{9}{12} = $ _____ (11)   d) $\frac{5}{8} = $ _____ (25)   e) $\frac{17}{24} = $ _____ (9)

13 Kürze mit 3 oder 4.

a) $\frac{3}{9} = $ _____   b) $\frac{3}{27} = $ _____   c) $\frac{4}{8} = $ _____   d) $\frac{54}{72} = $ _____   e) $\frac{87}{342} = $ _____   f) $\frac{108}{192} = $ _____

14 Kürze so weit wie möglich.

a) $\frac{16}{50} = $ _____   b) $\frac{10}{75} = $ _____   c) $\frac{33}{110} = $ _____   d) $\frac{18}{21} = $ _____   e) $\frac{42}{54} = $ _____   f) $\frac{90}{165} = $ _____

15 Ergänze die fehlende Zahl.

a) $\frac{1}{4} = \frac{}{16}$ b) $\frac{2}{3} = \frac{}{81}$ c) $\frac{4}{5} = \frac{492}{}$ d) $\frac{}{21} = \frac{153}{189}$ e) $\frac{}{192} = \frac{7}{8}$ f) $\frac{575}{} = \frac{25}{26}$

16 Finde Paare gleichwertiger Brüche und verbinde sie miteinander.

 $\frac{7}{12}$ $\frac{7}{13}$  $\frac{45}{334}$ $\frac{8}{13}$ $\frac{45}{324}$ $\frac{5}{36}$ $\frac{14}{81}$

$\frac{56}{96}$ $\frac{56}{91}$ $\frac{5}{16}$

$\frac{5}{38}$ $\frac{45}{342}$ $\frac{56}{324}$ $\frac{5}{14}$ $\frac{125}{350}$

17 Kürze die Brüche so weit wie möglich.

a) $\frac{315}{588} = $ _____   b) $\frac{68}{85} = $ _____   c) $\frac{1800}{3780} = $ _____

d) $\frac{273}{4147} = $ _____   e) $\frac{4180}{14250} = $ _____   f) $\frac{900}{2268} = $ _____

g) $\frac{7980}{14490} = $ _____   h) $\frac{440}{605} = $ _____   i) $\frac{819}{1260} = $ _____

j) $\frac{108}{630} = $ _____   k) $\frac{155}{3069} = $ _____   l) $\frac{8160}{11424} = $ _____

18 Trage die gegebenen Zahlen auf dem Zahlenstrahl ein. $\frac{1}{4}$; $\frac{1}{5}$; $\frac{3}{4}$; $\frac{15}{10}$; $\frac{3}{5}$; $\frac{1}{2}$; $1\frac{1}{2}$; $\frac{3}{8}$; $\frac{6}{10}$; $1\frac{2}{5}$; $\frac{13}{10}$; $\frac{6}{4}$

19 Setze <, > oder = richtig ein.

a) $\frac{3}{5}$ ___ $\frac{3}{7}$ b) $\frac{5}{2}$ ___ $\frac{19}{8}$ c) $\frac{11}{12}$ ___ $\frac{3}{4}$ d) $\frac{4}{9}$ ___ $\frac{6}{15}$ e) $\frac{16}{42}$ ___ $\frac{40}{105}$ f) $\frac{5}{6}$ ___ $\frac{14}{21}$

20 Gib die Bruchzahl an, die auf dem Zahlenstrahl genau in der Mitte zwischen den beiden gegebenen Brüchen liegt.

a) $\frac{1}{4}$; $\frac{1}{2}$ ___   b) $\frac{4}{6}$; $\frac{5}{6}$ ___   c) $\frac{4}{7}$; $\frac{2}{3}$ ___   d) $\frac{4}{10}$; $\frac{3}{5}$ ___   e) $\frac{5}{11}$; $\frac{11}{5}$ ___

Komplexe Aufgaben

21 Erläutere anhand eines Rechtecks deiner Wahl, dass $\frac{5}{6} = \frac{10}{12}$ gilt.

22 Welcher Bruchteil des Quadrats bzw. Quaders ist (sichtbar) rot eingefärbt?

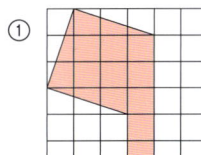 ① ___

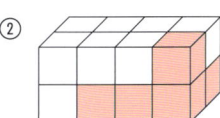 ② ___

23 Der Bruch $\frac{163\,800}{4\,471\,740}$ sollte so weit wie möglich gekürzt werden. Anton hat $\frac{910}{24\,843}$ aufgeschrieben, Martina $\frac{10}{263}$, Katja $\frac{10}{273}$ und Jonas $\frac{210}{5733}$.

a) Wer von ihnen hat die Aufgabe korrekt gelöst? ___

b) Jonas hat sein Ergebnis durch einmaliges Kürzen erreicht. Durch welche Zahl hat er Zähler und Nenner jeweils dividiert? ___

c) Welche größtmögliche Zahl ergibt sich als Kürzungszahl für diesen Bruch?

Bruchteile

Kreuze gleich nach der Fertigstellung der Aufgabe an, wie du mit der Lösung der Aufgabe zurechtgekommen bist. Trage später nach dem Vergleich mit den Lösungen ein, wie viele Aufgaben du richtig gelöst hast.

1 Markiere in der geometrischen Figur den angegebenen Bruchteil farbig.

a) $\frac{7}{12}$

b) $\frac{5}{8}$

c) $\frac{2}{3}$

Bruchteile darstellen

2 Berechne.

a) $\frac{1}{4}$ von 1 t _____

b) $\frac{7}{10}$ von 3 km _____

c) $\frac{19}{25}$ von 5 kg _____

d) $\frac{3}{8}$ von 2 m _____

e) $\frac{2}{3}$ von 4 h _____

f) $\frac{11}{12}$ von 24 min _____

g) $\frac{3}{4}$ von 5 cm² _____

h) $\frac{7}{8}$ von 24 m² _____

i) $\frac{1}{2}$ von 1 a _____

j) $\frac{33}{40}$ von 15 dm³ _____

k) Ein Bauer verkauft $\frac{3}{7}$ seines 1575 m² großen Ackers als Bauland. Wie groß ist diese Fläche?

l) Ein Grundstück mit 750 m² Fläche entspricht $\frac{2}{5}$ der ursprünglichen gesamten Baugrundstücksfläche. Wie groß war diese?

Bruchteile von Größen

3 Gib die passenden Verhältnisse an.

a)

Verhältnis der blauen zu den roten Kugeln _____

Verhältnis der roten zu den blauen Kugeln _____

Anteil der blauen Kugeln _____ Anteil der roten Kugeln _____

b) Ein Rezept für einen selbstgemachten Hustensaft gibt eine Mixtur verschiedener Heilkräuter vor. Hierzu wird eine Kräutermischung aus 10 g Thymian, 2 g Anis, 2 g Spitzwegerich, 2 g Huflattich und 4 g Sonnentau hergestellt, die anschließend mit Wasser aufgegossen und mit Honig gesüßt wird.

Verhältnis von Thymian zu Spitzwegerich _____ ; Verhältnis von Anis zu Spitzwegerich _____

Verhältnis von Thymian zu Sonnentau _____

Anteil von Huflattich am Kräutergemisch _____

Bruchteile als Verhältnisse

4 Auf einer Karte im Maßstab 1 : 500 000 haben die Orte Leverkusen und Dortmund eine Entfernung von ca. 12 cm. Berechne die tatsächliche Entfernung.

Leverkusen und Dortmund sind _____ voneinander entfernt.

Bruchteile als Verhältnisse ☹ 😐 🙂 😃 / 2

5 Kürze bzw. erweitere die Brüche so, dass du den in Klammern angegebenen Nenner erhältst.

a) $\frac{5}{9}$ [108] _____

b) $\frac{86}{90}$ [45] _____

c) $\frac{33}{45}$ [315] _____

d) $\frac{480}{1000}$ [50] _____

e) $\frac{25}{62}$ [558] _____

f) $\frac{35}{49}$ [28] _____

Kürzen und erweitern ☹ 😐 🙂 😃 / 6

6 Kürze die Brüche so weit wie möglich.

a) $\frac{27}{45} =$ _____

b) $\frac{85}{221} =$ _____

c) $\frac{84}{525} =$ _____

d) $\frac{2100}{6930} =$ _____

e) $\frac{26\,334}{26\,676} =$ _____

Kürzen und erweitern ☹ 😐 🙂 😃 / 5

7 Setze <, > oder = richtig ein.

a) $\frac{4}{9}$ ___ $\frac{2}{3}$

b) $\frac{3}{4}$ ___ $\frac{3}{5}$

c) $\frac{5}{7}$ ___ $\frac{30}{42}$

d) $\frac{33}{75}$ ___ $\frac{45}{125}$

e) $\frac{6}{13}$ ___ $\frac{5}{17}$

f) $\frac{36}{96}$ ___ $\frac{55}{176}$

Vergleichen und ordnen ☹ 😐 🙂 😃 / 6

8 Gib die Bruchzahl an, die auf dem Zahlenstrahl genau in der Mitte zwischen den beiden gegebenen Brüchen liegt.

a) $\frac{2}{5}$; $\frac{8}{10}$ _____

b) $\frac{3}{7}$; $\frac{4}{7}$ _____

c) $\frac{3}{9}$; $\frac{2}{3}$ _____

d) $\frac{5}{8}$; 1 _____

e) $\frac{1}{2}$; $\frac{3}{5}$ _____

Vergleichen und ordnen ☹ 😐 🙂 😃 / 5

Solltest du bei Aufgaben noch weiteren Übungsbedarf haben, dann schau in der Ausgangsdiagnose nach, welches Angebot dir zu dem jeweiligen Thema zur Verfügung steht.

S. 14, 15 ←

Bruch – Dezimalzahl – Prozent

Aufgabe	w	f	Bemerkungen oder richtige Lösungen	Richtig gelöst? ✓
1 $\frac{3}{50} = 0,06 = 6\,\%$				
$\frac{24}{30} = 60\,\%$				
$\frac{4}{125} = 36\,\%$				
$72\,\% = \frac{16}{25}$				
$60\,\%$ von $15\,\text{kg}$ sind $6\,\text{kg}$.				
Eine Jeans im Wert von $80\,€$ ist auf $75\,\%$ reduziert. Jetzt kostet sie noch $60\,€$.				
Peter benötigt $480\,€$, hat aber nur $72\,€$. Ihm fehlen daher noch $75\,\%$ des Betrages.				
Prozentschreibweise		WWW 022-1	S. 24, Nr. 1, 2, 3, 4, 5	←
2 $0,8 = \frac{8}{10}$				
$\frac{5}{1000} = 0,005$				
$2,5\,\% = 0,25$				
$0,109 = \frac{1}{10} + \frac{9}{100}$				
Die Zahl 0,565 ist richtig markiert. 0,565 0,05 ⊢ 0,06				
1,455 liegt auf dem Zahlenstrahl in der Mitte zwischen 1,45 und 1,46.				
3,65 liegt auf dem Zahlenstrahl in der Mitte zwischen 3,57 und 3,75.				
Dezimale Schreibweise			S. 24, Nr. 6, 7; S. 25, Nr. 8, 9, 10, 11	←
3 $0,689 > 0,69$				
$53,845\,038 > 53,845\,04$				
$0,1001 < 0,100\,101$				
$0,06 < \frac{2}{25}$				
Unter den Dezimalbrüchen 5,089; 5,98; 5,908; 5,098; 5,89; 5,809; 5,8900; 5,9008 ist 5,98 die größte Zahl.				
Vergleichen von Dezimalzahlen			S. 25, Nr. 12, 13	←

geübt?

geübt?

geübt?

Aufgabe	w	f	Bemerkungen oder richtige Lösungen	Richtig gelöst? ✓
4 $\frac{8}{100} = 0,8$				
$\frac{402}{10000} = 0,004\,02$				
$0,0501 = \frac{501}{1000}$				
$0,35 = \frac{7}{20}$				
$1,85 = \frac{37}{20} = 185\,\%$				
$\frac{1}{3} = 0,3$				
$\frac{15}{16} = 0,94$				
$\frac{15}{9} = 1,\overline{9}$				
Connys Spezial-Müsli besteht zu einem Viertel aus Rosinen. Das bedeutet einen Anteil von 0,25, also 25 % Rosinen.				
Etwa $\frac{9}{100}$ aller Männer haben eine Rot-Grün-Sehschwäche oder -Blindheit. Das bedeutet einen Anteil von 0,009, also 0,9 % der Männer.				

Umwandeln von Brüchen in Dezimalzahlen · S. 26, Nr. 14, 15, 16, 17

geübt?

Aufgabe	w	f	Bemerkungen oder richtige Lösungen	Richtig gelöst? ✓
5 Gerundet auf die Zehntelstelle gilt: $5,025 \approx 5,03$				
Gerundet auf die Tausendstelstelle gilt: $4,138\,945\,2 \approx 4,139$				
$13,845\,389\,7\,\text{km} \approx 13\,846\,\text{m}$				
Als gerundetes Messergebnis eines 100-m-Laufs erhält man 12,8 s. Das bedeutet, dass die gemessene Zeit zwischen 12,76 s und 12,85 s liegt.				

Runden von Dezimalzahlen · S. 26, Nr. 18, 19

geübt?

Hast du alles richtig gemacht bzw. hast du entsprechend geübt, solltest du auf jeden Fall auch komplexe Aufgaben lösen, bevor du dich dem nächsten Thema widmest.

S. 27, Nr. 20, 21, 22, 23 ←

geübt?

Bruch – Dezimalzahl – Prozent

Basisaufgaben

Prozentschreibweise

1 Gib in Prozentschreibweise an.

a) $\frac{5}{100} =$ _____ b) $\frac{2}{10} =$ _____ c) $\frac{6}{50} =$ _____ d) $\frac{6}{15} =$ _____ e) $\frac{7}{20} =$ _____

f) $\frac{3}{4} =$ _____ g) $\frac{6}{8} =$ _____ h) $\frac{13}{65} =$ _____ i) $\frac{360}{1000} =$ _____ j) $\frac{33}{60} =$ _____

2 Gib als Bruch an und kürze, falls möglich.

a) $30\% =$ _____ b) $25\% =$ _____ c) $80\% =$ _____ d) $75\% =$ _____

e) $45\% =$ _____ f) $44\% =$ _____ g) $32\% =$ _____ h) $8\% =$ _____

3 Berechne.

a) 30% von $10\,\text{m}$ _____ b) 25% von $2\,\text{kg}$ _____ c) 75% von $2\,\text{h}$ _____

d) 80% von $30\,€$ _____ e) 13% von $1\,\text{t}$ _____ f) 86% von $50\,\text{min}$ _____

4 In einem Bekleidungsgeschäft erhalten die Kunden an einem Aktionstag auf alle Waren 15 % Rabatt. Johanna möchte einen Pulli kaufen, der ursprünglich 49 € gekostet hat, und eine Jeans, die noch mit 85 € ausgezeichnet ist. Wie viel muss Johanna an der Kasse bezahlen?

_____

_____

5 Linus wünscht sich zu seinem Geburtstag ein neues Fahrrad. Er vereinbart mit seiner Familie die folgende Finanzierung: 60 % des Kaufpreises in Höhe von 600 € zahlen seine Eltern, von seinem Opa erhält er zusätzlich 90 € und den Rest nimmt Linus von seinem Ersparten. Wie viel Prozent des Rads muss Linus selber bezahlen?

_____

_____

Dezimale Schreibweise

6 Richtig (r) oder falsch (f)?

a) $\frac{5}{10} = 0{,}5$ _____ b) $\frac{8}{10} = 0{,}800$ _____ c) $\frac{3}{1000} = 0{,}03$ _____ d) $\frac{60}{100} = 0{,}06$ _____

e) $\frac{17}{10\,000} = 0{,}0017$ _____ f) $\frac{209}{1000} = 0{,}0209$ _____ g) $20\% = 0{,}2$ _____ h) $8{,}5\% = 0{,}85$ _____

7 Schreibe als gekürzten Bruch bzw. als gemischte Zahl.

a) $0{,}5 =$ _____ b) $0{,}082 =$ _____ c) $0{,}200 =$ _____ d) $1{,}05 =$ _____

e) $3{,}004 =$ _____ f) $1{,}24 =$ _____ g) $205{,}75 =$ _____ h) $15{,}125 =$ _____

8 Nutze die Stellenwerttafel und schreibe als Dezimalzahl.

a) $\frac{5}{10}$

b) $3\frac{4}{100}$

c) $\frac{605}{1000}$

d) $7\frac{1}{10}$

e) $\frac{586}{1000}$

f) $\frac{301}{100}$

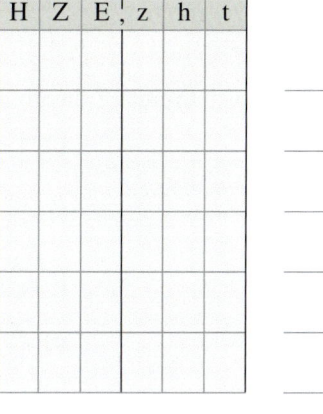

H	Z	E ¦ z	h	t

9 Gib die am Zahlenstrahl markierten Dezimalzahlen an.

A _____ ; B _____ ; C _____

D _____ ; E _____ ; F _____

G _____ ; H _____ ; I _____

10 Gib die Dezimalzahl an, die auf dem Zahlenstrahl genau in der Mitte zwischen den beiden gegebenen Zahlen liegt.

a) 1,5 und 1,9 _____

b) 0,89 und 0,95 _____

c) 3,149 und 3,15 _____

d) 5,01 und 5,02 _____

e) 2,16 und 2,08 _____

f) 1,645 und 1,725 _____

11 Schreibe als Summe von Brüchen, deren Nenner 10, 100, 1000, … sind.

Beispiel: $0,52 = \frac{5}{10} + \frac{2}{100}$

a) 0,43 = _____

b) 0,601 = _____

c) 0,39 = _____

d) 0,9502 = _____

e) 0,123 = _____

f) 0,5068 = _____

g) 0,4701 = _____

h) 0,0805 = _____

Vergleichen von Dezimalzahlen

12 Setze das Zeichen <, > oder = richtig ein.

a) 0,8 ___ 0,08

b) 6,23 ___ 6,208

c) 16,058 ___ 16,0559

d) 9,01085 ___ 9,1084

e) 0,3 ___ $\frac{1}{4}$

f) 25,000 ___ 25,0

g) 11,8304 ___ 11,8035

h) 0,0275 ___ 0,02083

i) 2,48623 ___ 2,4871

j) 0,45 ___ $\frac{2}{5}$

k) $\frac{3}{100}$ ___ 0,2

l) 0,408 ___ $\frac{48}{1000}$

13 Ordne die Dezimalzahlen der Größe nach.

a) 0,6; 0,9; 0,10; 0,11; 0,4; 0,07; 0,104; 0,68; 0,70

_____

b) 1,00101; 10,0101; 1,01001; 1,101; 10,1001; 1,0001; 10,010; 1,01101

_____

Bruch – Dezimalzahl – Prozent

14 Wandle den Bruch in einen Zehnerbruch um und schreibe ihn anschließend als Dezimalzahl.

a) $\frac{6}{20} =$ _____

b) $\frac{4}{5} =$ _____

c) $\frac{7}{2} =$ _____

d) $\frac{62}{20} =$ _____

e) $\frac{11}{25} =$ _____

f) $\frac{63}{50} =$ _____

g) $\frac{724}{200} =$ _____

h) $\frac{7}{8} =$ _____

i) $\frac{5}{4} =$ _____

j) $\frac{85}{125} =$ _____

k) $\frac{33}{75} =$ _____

l) $\frac{36}{120} =$ _____

m) $\frac{42}{30} =$ _____

n) $\frac{6}{16} =$ _____

o) $\frac{640}{800} =$ _____

p) $\frac{26}{65} =$ _____

15 Färbe jeweils mit gleicher Farbe Kästchen für Zahlen ein, die gleich sind.

a)

$2\frac{1}{2}$	2,501	$2\frac{15}{32}$	2,5	2,05	250%	2,5000	$2\frac{5}{10}$	2,2

b)

0,6	$\frac{1}{6}$	0,5999	$\frac{2}{3}$	0,600	6%	$\frac{3}{5}$	60%	3,5	$\frac{6}{10}$	2,2	600%	6,10

c)

36%	0,36	$\frac{36}{100}$	0,036	$\frac{36}{1000}$	3,06	3,6	3,6%	$\frac{9}{25}$	3,599	$\frac{18}{500}$

16 Wandle in eine Dezimalzahl um.

a) $\frac{2}{3} =$ _____

b) $\frac{1}{6} =$ _____

c) $\frac{51}{12} =$ _____

d) $\frac{13}{3} =$ _____

e) $\frac{19}{40} =$ _____

f) $\frac{11}{12} =$ _____

g) $\frac{19}{15} =$ _____

h) $\frac{4}{9} =$ _____

i) $\frac{23}{18} =$ _____

j) $\frac{9}{16} =$ _____

k) $\frac{39}{24} =$ _____

l) $\frac{15}{8} =$ _____

m) $\frac{28}{9} =$ _____

n) $\frac{5}{8} =$ _____

o) $\frac{21}{20} =$ _____

p) $\frac{241}{40} =$ _____

17 Schreibe als Dezimalzahl und als gekürzten Bruch.

a) 20% = _____

b) 58% = _____

c) 100% = _____

d) 4% = _____

e) 14,5% = _____

f) 110% = _____

g) 7,9% = _____

h) 45% = _____

i) 1,5% = _____

18 Runde die Dezimalzahlen auf die angegebene Stelle.

a) Zehntel   10,24 _____   5,896 _____   4,649 _____   13,082 _____

b) Hundertstel   2,325 _____   4,796 _____   1,699 _____   9,302 _____

c) Tausendstel   1,2345 _____   8,0019 _____   7,83091 _____   5,692735 _____

19 Gib an, ob richtig (r) oder falsch (f) gerundet wurde.

a) $0,45 \approx 0,5$ _____

b) $0,0875 \approx 0,9$ _____

c) $1,249 \approx 1,3$ _____

d) $3,06 \approx 3,1$ _____

e) $16,4987 \approx 17$ _____

f) $5,08529 \approx 5,09$ _____

g) $0,04007 \approx 0,040$ _____

h) $1,80526 \approx 1,8005$ _____

Komplexe Aufgaben

20 Ein Schokokeks zu 14 g enthält 3,6 g Fett und 4,8 g Zucker. Gib den jeweiligen Anteil als Dezimalzahl und in Prozent an. Runde dabei auf Hundertstel.

21 Tina geht in ein Kaufhaus und sucht sich einen Pulli aus, der an einem Ständer mit dem Schild „25 % reduziert" hängt. Ursprünglich hat der Artikel 68 € gekostet. Sie prüft schnell, wie viel sie noch dafür zahlen muss und nimmt ihn mit zur Kasse.
Als ihre Mutter von dem Kauf erfährt, meint sie, dass der Pulli immer noch viel zu teuer war. Tina entgegnet, dass es immerhin 25 % Preisnachlass waren. Ihre Mutter rechnet den ursprünglichen Preis aus, indem sie zum reduzierten Preis 25 % dazu zählt. Auf welches Ergebnis kommt sie? Was meinst du dazu?

22 Der angegebene Wert ist mathematisch gerundet. Gib den Bereich an, in dem der exakte Wert liegen kann.

a) 5 kg

b) $15,8 \, \text{m}^2$

c) 2,6 l

d) 13,04 dm

e) 1,85 kg

f) 20,5 min

23 Ein Rechteck ist 3,2 cm breit. Die Länge beträgt $\frac{3}{4}$ der Breite.

a) Berechne Umfang und Flächeninhalt des Rechtecks.

b) Zeichne das Rechteck und färbe $\frac{5}{8}$ der Rechteckfläche blau ein. Welchem Flächeninhalt des Rechtecks entspricht das?

Bruch – Dezimalzahl – Prozent

Kreuze gleich nach der Fertigstellung der Aufgabe an, wie du mit der Lösung der Aufgabe zurechtgekommen bist.
Trage später nach dem Vergleich mit den Lösungen ein, wie viele Aufgaben du richtig gelöst hast.

1 Wandle in a) bis f) in die Prozentschreibweise bzw. in einen Bruch um. Löse die Aufgaben in g) und h).

a) $\frac{6}{10} =$ _____

b) $\frac{63}{50} =$ _____

c) $\frac{19}{25} =$ _____

d) $30\% =$ _____

e) $\frac{24}{30} =$ _____

f) $45\% =$ _____

g) Oliver möchte ein Fahrrad kaufen und findet im Geschäft ein um 30% reduziertes Vorjahresmodell. Ursprünglich hat das Rad 390 € gekostet. Wie viel muss Oliver zahlen?

_____

_____

h) Bettina möchte vor dem Mathetest 64 Aufgaben aus dem Buch üben. Sie hat bereits 48 Aufgaben erledigt. Wie viel Prozent der Aufgaben hat sie noch vor sich?

_____

_____

Prozentschreibweise ☹ ☺ ☺ ☺

2 Schreibe als Dezimalzahl bzw. als gekürzten Bruch.

a) $\frac{8}{10} =$ _____

b) $\frac{98}{1000} =$ _____

c) $0{,}05 =$ _____

d) $0{,}0305 =$ _____

e) $\frac{7809}{100\,000} =$ _____

f) $\frac{37}{50} =$ _____

Dezimale Schreibweise ☹ ☺ ☺ ☺

3 Bestimme die Dezimalzahl, die auf dem Zahlenstrahl in der Mitte zwischen den beiden Zahlen liegt.

a) 2,4 und 2,8 _____

b) 4,9 und 5,2 _____

c) 9,8 und 11,2 _____

d) 3,7 und 7,3 _____

e) 11,4 und 15,3 _____

f) 17 und 21,5 _____

Dezimale Schreibweise ☹ ☺ ☺ ☺

4 Richtig (r) oder falsch (f)?

a) $3{,}105 > 3{,}015$ _____

b) $5{,}0505 > 5{,}050\,05$ _____

c) $6{,}973 < 6{,}937$ _____

d) $10{,}101\,01 > 10{,}1010$ _____

e) $18{,}9264 < 18{,}9625$ _____

f) $0{,}69 > \frac{3}{4}$ _____

Vergleichen von Dezimalzahlen ☹ ☺ ☺ ☺

NACHDIAGNOSE

5 Markiere die größte der gegebenen Dezimalzahlen.

a) 0,080 808; 0,808 08; 0,800 808; 0,080 08; 0,088; 0,808 008

b) 13,403 865; 13,463 580; 13,436 850; 13,463 085; 13,463 058; 13,463 508; 13,456 803

Vergleichen von Dezimalzahlen  2

6 Wandle in eine Dezimalzahl bzw. einen Bruch um.

a) $\frac{9}{50}$ = _____

b) $\frac{23}{25}$ = _____

c) $\frac{9}{15}$ = _____

d) 1,09 = _____

e) $\frac{5}{3}$ = _____

f) 0,0506 = _____

g) $\frac{13}{16}$ = _____

h) $\frac{62}{9}$ = _____

Umwandeln von Brüchen in Dezimalzahlen  8

7 Verbinde gleichwertige Brüche und Dezimalzahlen miteinander. Beziehe auch die Prozentsätze ein.

             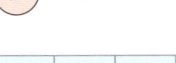

30 % 8 % 0,08 $\frac{39}{50}$ 3,5 $\frac{7}{2}$ $\frac{1}{20}$ 65 % 0,8 3 % 0,78 78 % 0,75 $\frac{13}{20}$ 7,5 13 % $\frac{3}{10}$ $\frac{1}{3}$ 0,3 $\frac{2}{25}$ 75 % 0,05 0,6 $\frac{3}{5}$ $\frac{3}{4}$ 0,65

Umwandeln von Brüchen in Dezimalzahlen 8

8 Runde auf die angegebene Stelle.

a) 4,8296   Zehntel   _____   Hundertstel   _____

b) 23,0854   Zehntel   _____   Tausendstel   _____

c) 55,9046   Hundertstel   _____   Tausendstel   _____

Runden von Dezimalzahlen   6

Solltest du bei Aufgaben noch weiteren Übungsbedarf haben, dann schau in der Ausgangsdiagnose nach, welches Angebot dir zu dem jeweiligen Thema zur Verfügung steht.

S. 14, 15 ←

Bruchzahlen

Lebensmittelbruchteile

Ⓐ Zu Klaras Geburtstagsfeier sind vierzehn Gäste gekommen. Die rechteckige Geburtstagtorte will Klara nun gerecht aufteilen, sodass alle ein annähernd gleiches Stück bekommen. Wie würdest du schneiden? Beschreibe erst und zeichne dann entsprechend Linien ein, wie du das Messer führen würdest.

Ⓑ Luigi teilt seine Pizzen immer so, dass er nach seiner Preisliste drei verschiedene Größen anbieten kann. Was meinst du, wie Luigi die Pizza teilen und wie er auf unterschiedliche Nachfragen reagieren kann?

$\frac{1}{8}$ Pizza	1,75 €
$\frac{1}{4}$ Pizza	3,60 €
$\frac{3}{8}$ Pizza	5,10 €

Was meinst du zu den Preisen für die verschiedenen Pizzateile?

Auf welche Weise könnte Luigi an einer Pizza das meiste verdienen?

Ⓒ Wie kannst du geschickt die drei Nussecken teilen, so-
dass die folgenden Brüche veranschaulicht werden?

$\frac{1}{4}, \frac{9}{8}, \frac{3}{4}, \frac{3}{8}, \frac{1}{2}$

Zeichne Linien ein, wie sinnvoll geschnit-
ten werden sollte. Beschrifte die Anteile.
Wo geht das nicht so einfach? Erkläre.

_____

_____

_____

_____

Ⓓ Von dem Käse-Kirsch-Kuchen wurden bereits mehrere Stück gegessen. Gib
den entsprechenden Bruchteil näherungsweise an. Welcher Bruchteil ist
noch übrig?

_____

_____

_____

Ⓔ Ein Kastenbrot soll möglichst exakt so geschnitten werden, dass die Schei-
bendicke jeweils $\frac{1}{12}$ der Brotlänge ist. Wie gehst du zweckmäßig vor?

Zeichne anschließend auch die Schnittlinien im Bild ein.

_____

_____

_____

Von dem Brot wurden ein paar Scheiben abgeschnitten. Welchem Bruchteil
des Brotes entspricht das ungefähr?

_____

Wie viele Scheiben Brot würdest du erhalten, wenn du auf die-
se Weise das Brot weiter aufschneiden würdest? Begründe
mithilfe deiner Bruchteilangabe.

_____

_____

_____

Bruchzahlen

1 Untersuche Bruchteile bzw. stelle Bruchteile dar.

a) Welcher Bruchteil ist farbig markiert?

b) Welcher Bruchteil des Quaders fehlt?

c) Zeichne ein Rechteck mit dem Flächeninhalt $12\,\text{cm}^2$ und markiere $\frac{15}{96}$ farbig.

d) Zeichne eine Strecke $\overline{AC}$ mit $12\,\text{cm}$ Länge und lege einen Punkt B auf der Strecke so fest, dass die Länge der Strecke $\overline{BC}$ $\frac{5}{6}$ der Länge der Strecke $\overline{AC}$ beträgt.

Bruchteile darstellen

2 Bestimme den angegebenen Bruchteil der Größe.

a) $\frac{3}{4}$ von $52\,\text{kg}$ _____

b) $\frac{5}{7}$ von $147\,\text{m}$ _____

c) $\frac{2}{3}$ von $12\,\text{m}^2$ _____

d) $\frac{52}{125}$ von $250\,\text{min}$ _____

e) $\frac{5}{6}$ von $18\,\text{l}$ _____

f) $\frac{2}{3}$ von $45\,\text{m}^3$ _____

Bruchteile von Größen

3 Am Wandertag fahren die Klassen 6a (31 Kinder) und 6c (29 Kinder) zusammen mit dem Zug in den Zoo. $\frac{3}{4}$ der Kinder nehmen an einer Führung teil und $\frac{2}{5}$ dieser Kinder möchten im Anschluss noch das Delfinarium besuchen.

Berechne, wie viele der Kinder jeweils teilnehmen.

Bruchteile von Größen

4 Der Kartenausschnitt ist im Maßstab 1 : 1 500 000 dargestellt. Bestimme die Luftlinienentfernungen von Ingolstadt nach Regensburg und von Landshut nach Weißenburg.

_____

_____

_____

_____

Bruchteile als Verhältnisse ☹ 😐 🙂 😄 ◹ 4

5 Erweitere mit der in Klammern angegebenen Zahl.

a) $\frac{4}{9} =$ _____ (6) b) $\frac{15}{16} =$ _____ (9) c) $\frac{11}{20} =$ _____ (11) d) $\frac{89}{125} =$ _____ (8) e) $\frac{21}{32} =$ _____ (5)

Kürzen und erweitern ☹ 😐 🙂 😄 ◹ 5

6 Kürze so weit wie möglich.

a) $\frac{28}{86} =$ _____ b) $\frac{165}{210} =$ _____ c) $\frac{153}{136} =$ _____

d) $\frac{288}{540} =$ _____ e) $\frac{67}{402} =$ _____ f) $\frac{12\,600}{15\,750} =$ _____

Kürzen und erweitern ☹ 😐 🙂 😄 ◹ 6

7 Vergrößere beim Bruch $\frac{4}{5}$ Zähler und Nenner jeweils um 1 bzw. verkleinere Zähler und Nenner jeweils um 1. Vergleiche die so erhaltenen Brüche und ordne alle drei Brüche in aufsteigender Reihenfolge.

_____

_____

_____

Vergleichen und ordnen ☹ 😐 🙂 😄 ◹ 5

8 Bei einem Weitsprungwettbewerb springt Jakob als erster und legt eine große Weite vor. Johannes ist als nächster dran und erreicht $\frac{2}{3}$ der Weite von Jakob, Kai $\frac{6}{8}$ und Lars $\frac{4}{5}$. Wer ist Jakobs Weite am nächsten gekommen?

_____

_____

Vergleichen und ordnen ☹ 😐 🙂 😄 ◹ 4

9   Richtig (r) oder falsch (f)?

a) $65\% = 0,65$ _____ b) $\frac{2}{10} = 20\%$ _____ c) $3,5\% = 0,35$ _____ d) 80% von $240 = 30$ _____

e) Wenn Thomas von seinem monatlichen Taschengeld in Höhe von 15 € immer 70 % spart, hat er nach einem Vierteljahr schon 35 € zusammen.

Prozentschreibweise

10   Schreibe als Dezimalzahl.

a) $\frac{82}{100} =$ _____ b) $9\frac{102}{1000} =$ _____ c) $3\frac{5}{100} =$ _____ d) $\frac{14}{10\,000} =$ _____

Dezimale Schreibweise

11   Suche aus den gegebenen Zahlen die größte und die kleinste Dezimalzahl heraus.

9,099; 9,9009; 9,990 09; 9,909 99; 9,9; 9,0909; 9,009; 9,090 99; 9,09

größte Dezimalzahl: _____ kleinste Dezimalzahl: _____

Vergleichen von Dezimalzahlen

12   Schreibe als Dezimalzahl bzw. als gekürzten Bruch.

a) $\frac{208}{100} =$ _____ b) $0,22 =$ _____ c) $\frac{7}{10} =$ _____ d) $0,064 =$ _____ e) $2,5 =$ _____

f) $\frac{32}{25} =$ _____ g) $3,8 =$ _____ h) $5,04 =$ _____ i) $8,2 =$ _____ j) $\frac{79}{125} =$ _____

Umwandeln von Brüchen in Dezimalzahlen

13   Angegeben sind Schwimmweltrekordzeiten der Männer (Stand 2009) in der Form Minuten : Sekunden (dezimale Schreibweise). Gib die Messergebnisse der Sekunden an der Zehntelstelle gerundet an.

50 m Freistil 00:20,94; 800 m Freistil 07:38,65; 100 m Rücken 00:52,54; 200 m Brust 02:07,51

_____ _____ _____ _____

Runden von Dezimalzahlen

Solltest du bei Aufgaben noch weiteren Übungsbedarf haben, dann schau in den Ausgangsdiagnosen nach, welches Angebot dir zu dem jeweiligen Thema zur Verfügung steht.

S. 8, 9; S. 14, 15; S. 22, 23 ←

Was muss ich beim Addieren und Subtrahieren von Brüchen beachten?

Anstatt mit Brüchen kannst du oft einfacher mit den zugehörigen Dezimalzahlen rechnen.

Wie multipliziere bzw. dividiere ich Brüche?

Wie kann ich beim Rechnen mit Brüchen Rechenvorteile nutzen?

Beim Multiplizieren von Brüchen kannst du vorher oft kürzen.

Das Horus-Auge

Rechnen mit Bruchzahlen

Was bedeutet „Kehrbruch" bzw. „Kehrwert eines Bruchs"?

Die Division von Brüchen wird auf die Multiplikation von Brüchen zurückgeführt.

Mit Dezimalzahlen wird wie mit natürlichen Zahlen, gerechnet, jedoch unter Beachtung der Kommastellen.

Inhaltsübersicht

Diese Inhaltsübersicht soll dir helfen, schnell zu erfassen, welche Zusammenhänge und Begriffe mit dem Thema verbunden sind. Du kannst und solltest die Übersicht auch nach deinen eigenen Vorstellungen erweitern bzw. ergänzen, sodass sie dir auch bei der Bearbeitung der Aufgaben nützlich sein kann.

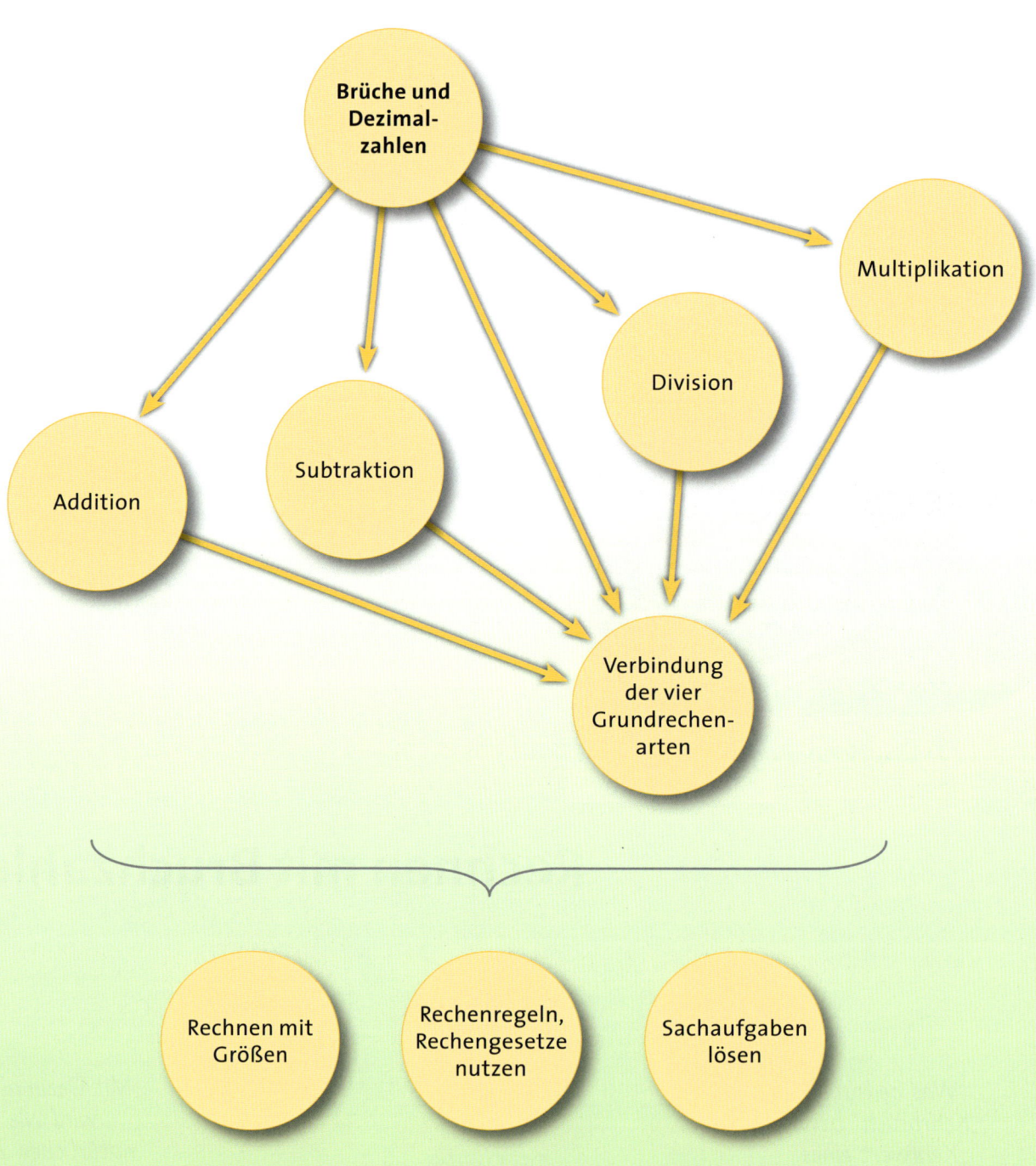

Inhalt	Beispiel

Gleichnamige Brüche werden addiert bzw. subtrahiert, indem man den Nenner beibehält und die Zähler addiert bzw. subtrahiert.

$$\frac{5}{21} + \frac{11}{21} = \frac{5+11}{21} = \frac{16}{21} \qquad \frac{7}{12} - \frac{3}{12} = \frac{7-3}{12} = \frac{4}{12} = \frac{1}{3}$$

Um ungleichnamige Brüche addieren bzw. subtrahieren zu können, müssen sie durch Kürzen oder Erweitern erst gleichnamig gemacht werden. Dann werden die gleichnamigen Brüche addiert bzw. subtrahiert.

$$\frac{1}{6} + \frac{5}{12} = \frac{2}{12} + \frac{5}{12} = \frac{7}{12} \qquad \frac{1}{3} - \frac{2}{7} = \frac{7}{21} - \frac{6}{21} = \frac{1}{21}$$
$$\frac{5}{12} + \frac{5}{18} = \frac{15}{36} + \frac{10}{36} = \frac{25}{36} \qquad \frac{7}{9} - \frac{4}{15} = \frac{35}{45} - \frac{12}{45} = \frac{23}{45}$$

Kommen beim Addieren bzw. Subtrahieren gemischte Zahlen vor, ist es meist zweckmäßig, mit den Ganzen und den Brüchen „getrennt" zu rechnen.

$$\frac{2}{5} + 3\frac{1}{4} = \frac{8}{20} + 3\frac{5}{20} = 3\frac{13}{20} \qquad 3\frac{2}{3} + 4\frac{1}{2} = 3\frac{4}{6} + 4\frac{3}{6} = 7\frac{7}{6} = 8\frac{1}{6}$$
$$5\frac{1}{8} - \frac{5}{12} = 5\frac{3}{24} - \frac{10}{24} = 4\frac{27}{24} - \frac{10}{24} = 4\frac{17}{24}$$

Dezimalzahlen lassen sich wie natürliche Zahlen schriftlich addieren bzw. subtrahieren. Sie müssen stellengerecht untereinander geschrieben werden (Komma unter Komma).
Fehlende „Endnullen" können ergänzt werden, um mögliche Rechenfehler zu vermeiden.

```
   8,765   oder     8,765          43,5    oder    43,500
+ 13             + 13,000        − 8,247          − 8,247
+  0,04          +  0,040         1  11            1  11
   1 1 1           1 1 1         _____         _____
_____         _____         35,253           35,253
  21,805           21,805
```

Bei Aufgaben, in denen sowohl Dezimalzahlen als auch Brüche vorkommen, sollte man sich für eine einheitliche Darstellung entscheiden.

$$\frac{1}{8} + 0{,}435 = 0{,}125 + 0{,}435 = 0{,}56$$
$$\frac{5}{7} - 0{,}3 = \frac{5}{7} - \frac{3}{10} = \frac{50}{70} - \frac{21}{70} = \frac{29}{70}$$

Bei der Multiplikation von Brüchen werden Zähler mit Zähler und Nenner mit Nenner multipliziert.
Bei der Multiplikation mit gemischten Zahlen, müssen diese erst in Brüche ungeschrieben werden.

$$\frac{3}{8} \cdot \frac{20}{21} = \frac{3 \cdot 20}{8 \cdot 21} = \frac{1 \cdot 5}{2 \cdot 7} = \frac{5}{14}$$
$$\frac{7}{25} \cdot 1\frac{1}{14} = \frac{7}{25} \cdot \frac{15}{14} = \frac{7 \cdot 15}{25 \cdot 14} = \frac{1 \cdot 3}{5 \cdot 2} = \frac{3}{10}$$

Dezimalzahlen lassen sich schriftlich wie natürliche Zahlen multiplizieren. Das Ergebnis hat so viele Stellen nach dem Komma wie beide Faktoren zusammen haben.

```
3,75 · 2,3
  750
 1125
 8,625
```

Die Division von Brüchen ist gleich der Multiplikation des Dividenden mit dem Kehrwert (Reziproken) des Divisors. Gemischten Zahlen müssen erst als Brüche geschrieben werden.

$$\frac{3}{5} : \frac{6}{25} = \frac{3}{5} \cdot \frac{25}{6} = \frac{3 \cdot 25}{5 \cdot 6} = \frac{1 \cdot 5}{1 \cdot 2} = \frac{5}{2} = 2\frac{1}{2}$$
$$\frac{9}{14} : 1\frac{5}{7} = \frac{9}{14} : \frac{12}{7} = \frac{9}{14} \cdot \frac{7}{12} = \frac{9 \cdot 7}{14 \cdot 12} = \frac{3 \cdot 1}{2 \cdot 4} = \frac{3}{8}$$

Vor dem Dividieren von Dezimalzahlen werden Dividend und Divisor so mit der gleichen Stufenzahl (10, 100, 1000, …) multipliziert, dass der Divisor eine natürliche Zahl ist. Dann wird wie mit natürlichen Zahlen dividiert. Beim Überschreiten des Kommas im Dividenden wird im Ergebnis das Komma gesetzt.

```
32,45 : 0,5 = 324,5 : 5
  324,5 : 5 = 64,9
−30
 24
−20
 45
−45
  0
```

Vorwissen

Aufgabe	w	f	Bemerkungen oder richtige Lösungen	Richtig gelöst? ✓

1

$\frac{5}{12}$ der Figur sind nicht gefärbt.

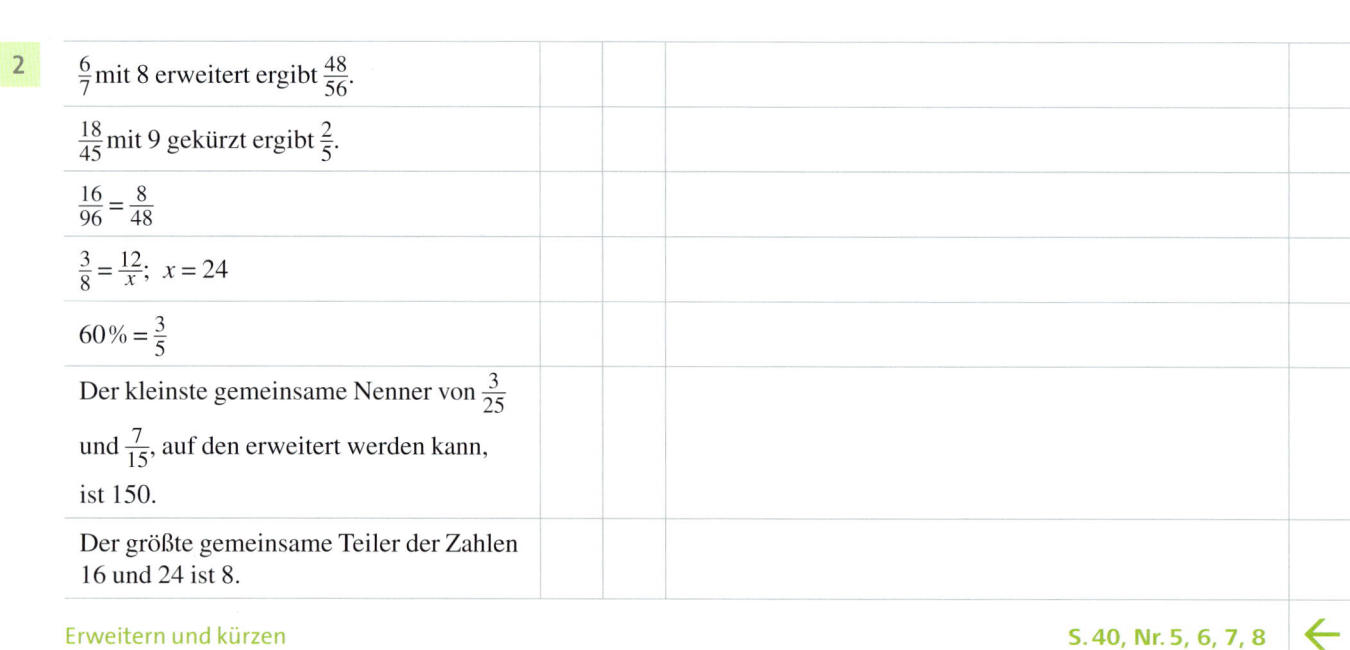

Auf dem Zahlenstrahl sind $\frac{3}{4}$ und $2\frac{1}{4}$ markiert.

$\frac{48}{15} = 3\frac{1}{5}$

$7\frac{3}{5} = \frac{26}{5}$

$\frac{5}{8}$ von 16 km sind 10 km.

$\frac{4}{5}$ kg sind 900 g.

Bruchteile, Bruchzahlen   S. 40, Nr. 1, 2, 3, 4 ←

geübt?

2

$\frac{6}{7}$ mit 8 erweitert ergibt $\frac{48}{56}$.

$\frac{18}{45}$ mit 9 gekürzt ergibt $\frac{2}{5}$.

$\frac{16}{96} = \frac{8}{48}$

$\frac{3}{8} = \frac{12}{x}$; $x = 24$

$60\% = \frac{3}{5}$

Der kleinste gemeinsame Nenner von $\frac{3}{25}$ und $\frac{7}{15}$, auf den erweitert werden kann, ist 150.

Der größte gemeinsame Teiler der Zahlen 16 und 24 ist 8.

Erweitern und kürzen   S. 40, Nr. 5, 6, 7, 8 ←

geübt?

3

$\frac{7}{11} > \frac{10}{11}$

$\frac{7}{12} < \frac{7}{13}$

$\frac{2}{3} < \frac{3}{4}$

$75\% < \frac{4}{5}$

Vergleichen   S. 41, Nr. 9, 10 ←

geübt?

Aufgabe	w	f	Bemerkungen oder richtige Lösungen	Richtig gelöst? ✓

4

$0{,}0708 = \frac{708}{1000}$

$\frac{27}{60} = 0{,}45$

$35\% = 3{,}5$

Zu den Markierungen auf dem Zahlenstrahl gehören die Zahlen 2,072; 2,053; 2,078 und 2,043.

35,9 und 36,009 liegen zwischen den Zahlen 35,87 und 36,02.

$8{,}4 < 8{,}400$

Dezimalzahlen S. 41, Nr. 11, 12, 13, 14 ←

geübt?

5

$2\frac{13}{25} \approx 2$

$5\frac{9}{24} \approx 5{,}4$

$9{,}099 \approx 10$

$0{,}\overline{27} \approx 0{,}28$

$7{,}57\% \approx 0{,}8$

3,748 auf Zehntel gerundet ist größer als 3,748 auf Hundertstel gerundet.

$2{,}0$ ist für $\frac{96}{50}$ und auch für $2\frac{9}{100}$ die auf Zehntel gerundete dezimale Näherungszahl.

Runden S. 41, Nr. 15, 16 ←

geübt?

6

$13 \cdot 4 \cdot 3 \cdot 25 = 39 \cdot 100 = 3900$

$24 \cdot 7 + 36 \cdot 7 = (24 + 36) \cdot 14$

$78 : 4 - 4 : 2 = (78 - 2) : 4$

$125 \cdot 6 \cdot 14 \cdot 8 = 84 \cdot 100 = 8400$

Vorteilhaft rechnen S. 41, Nr. 17 ←

geübt?

Vorwissen

Basisaufgaben

Bruchteile, Bruchzahlen

1 Gib jeweils den Bruchteil an, der eingefärbt (e) und nicht eingefärbt (n) ist.

a)  e: _____

n: _____

b) 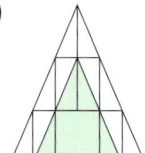 e: _____

n: _____

c) 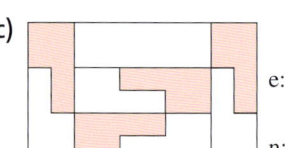 e: _____

n: _____

d) 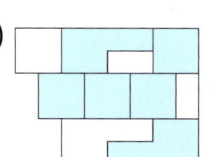 e: _____

n: _____

2 Lege auf dem Zahlenstrahl eine geeignete Einheit fest und markiere die folgenden Brüche.

$\frac{1}{3}$; $\frac{1}{2}$; $\frac{5}{3}$; $\frac{1}{6}$; $\frac{2}{6}$; $\frac{5}{6}$; $\frac{10}{6}$; $\frac{10}{12}$; $\frac{3}{2}$

3 Schreibe als gemischte Zahl oder als Bruch.

a) $\frac{29}{7} =$ _____

b) $\frac{9}{4} =$ _____

c) $\frac{11}{5} =$ _____

d) $\frac{97}{32} =$ _____

e) $3\frac{5}{8} =$ _____

f) $9\frac{2}{5} =$ _____

g) $10\frac{1}{10} =$ _____

h) $8\frac{7}{13} =$ _____

4 Berechne.

a) $\frac{5}{6}$ von $18\,\text{m} =$ _____

b) $\frac{3}{8}$ von $16\,\text{h} =$ _____

c) $75\,\%$ von $8\,\text{kg} =$ _____

d) $\frac{4}{7}$ von $3,50\,€ =$ _____

e) $\frac{3}{2}$ von $15\,\text{g} =$ _____

f) $70\,\%$ von $1\,\text{km} =$ _____

Erweitern und kürzen

5 Ergänze jeweils die fehlende Zahl im Zähler bzw. Nenner.

a) $\frac{4}{5} = \frac{}{15}$

b) $\frac{5}{8} = \frac{20}{}$

c) $\frac{6}{7} = \frac{30}{}$

d) $\frac{35}{60} = \frac{}{12}$

e) $\frac{9}{63} = \frac{}{14}$

f) $\frac{4}{6} = \frac{14}{}$

g) $\frac{84}{132} = \frac{21}{} = \frac{}{11} = \frac{42}{}$

h) $\frac{3}{8} = \frac{12}{} = \frac{}{96} = \frac{48}{} = \frac{}{16}$

6 Schreibe als gekürzten Bruch oder in Prozent.

a) $17\,\% =$ _____

b) $60\,\% =$ _____

c) $2\,\% =$ _____

d) $120\,\% =$ _____

e) $\frac{3}{4} =$ _____

f) $\frac{150}{1000} =$ _____

g) $\frac{84}{120} =$ _____

h) $\frac{6}{15} =$ _____

7 Bestimme das kleinste gemeinsame Vielfache der Nenner.

a) $\frac{3}{7}$; $\frac{5}{21}$ _____

b) $\frac{7}{12}$; $\frac{11}{18}$ _____

c) $\frac{3}{4}$; $\frac{2}{15}$ _____

d) $\frac{9}{26}$; $\frac{4}{39}$ _____

e) $\frac{5}{27}$; $\frac{5}{6}$ _____

8 Bestimme den größten gemeinsamen Teiler von Zähler und Nenner.

a) $\frac{12}{30}$ _____

b) $\frac{24}{76}$ _____

c) $\frac{15}{75}$ _____

d) $\frac{46}{115}$ _____

e) $\frac{98}{147}$ _____

Vergleichen

9 Setze das Zeichen < oder > richtig ein.

a) $\frac{11}{25}$ ☐ $\frac{13}{25}$ **b)** $\frac{7}{9}$ ☐ $\frac{7}{10}$ **c)** $\frac{4}{5}$ ☐ $\frac{5}{6}$ **d)** $\frac{5}{7}$ ☐ $\frac{16}{21}$

e) 90% ☐ $\frac{4}{5}$ **f)** $\frac{1}{2}$ ☐ 45% **g)** 30% ☐ $\frac{1}{3}$ **h)** $\frac{9}{10}$ ☐ 9%

10 Färbe jeweils Kärtchen mit der gleichen Farbe ein, bei denen die Zahlen dem selben Punkt auf dem Zahlenstrahl zugeordnet werden können.

$\boxed{\frac{35}{60}}$ $\boxed{\frac{38}{14}}$ $\boxed{1\frac{1}{4}}$ $\boxed{\frac{7}{12}}$ $\boxed{2\frac{5}{7}}$ $\boxed{\frac{165}{132}}$

Dezimalzahlen

11 Schreibe als Dezimalzahl und als gekürzten Bruch.

a) $35\% = $ _____ **b)** $80\% = $ _____ **c)** $12\% = $ _____

12 Gib in Prozent an.

a) $0{,}23 = $ _____ **b)** $0{,}08 = $ _____ **c)** $0{,}7 = $ _____ **d)** $0{,}009 = $ _____

13 Schreibe als Dezimalzahlen. Gib die Zahl an, die nach der Größe geordnet in der Mitte steht.

a) $\frac{1}{2}$; $\frac{12}{5}$; $\frac{27}{240}$; $3\frac{1}{5}$; $4\frac{3}{4}$; $\frac{12}{75}$; $\frac{18}{30}$ _____ _____

b) $\frac{1}{4}$; 30%; $1\frac{3}{10}$; 103%; $30{,}1\%$ _____

14 Gib die auf dem Ausschnitt des Zahlenstrahls markierten Zahlen an.

A _____ ; B _____ ; C _____ ; D _____ ; E _____

Runden

15 Schreibe zunächst die auf Zehntel und dann die auf Hundertstel gerundete Dezimalzahl auf.

a) $\frac{13}{125}$ _____ _____ **b)** $\frac{63}{250}$ _____ _____ **c)** $0{,}3\overline{6}$ _____ _____ **d)** $15{,}4\%$ _____ _____

e) $\frac{37}{200}$ _____ _____ **f)** $1\frac{3}{8}$ _____ _____ **g)** $0{,}\overline{4}$ _____ _____ **h)** $6{,}3\%$ _____ _____

16 Gib für $\frac{5}{11}$ nacheinander dezimale Näherungswerte auf Zehntel, Hundertstel, Tausendstel, … gerundet an. Was stellst du fest?

_____

Vorteilhaft rechnen

17 Rechne vorteilhaft.

a) $72 \cdot 5 \cdot 3 \cdot 20 = $ _____ **b)** $2 \cdot 38 \cdot 5 \cdot 6 = $ _____

c) $45 \cdot 3 - 23 \cdot 3 = $ _____ **d)** $4 \cdot 27 + 13 \cdot 4 = $ _____

Vorwissen

1 Gib den Bruchteil der Teilfläche an, die eingefärbt ist.

a) 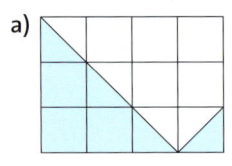 —

b) 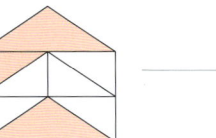 —

c) 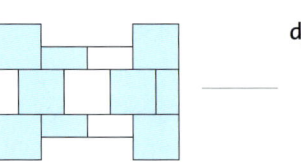 —

d)

Bruchteile, Bruchzahlen

2 Welche Bruchzahl steht für A, B und C auf dem Zahlenstrahl und welche Bruchzahl D liegt genau in der Mitte zwischen A und B?

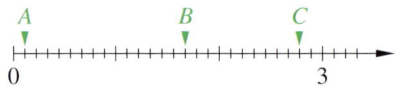

A _____ ; B _____ ; C _____

D _____

Bruchteile, Bruchzahlen

3 Schreibe als gemischte Zahl oder als Bruch.

a) $\frac{94}{7} =$ _____

b) $\frac{67}{14} =$ _____

c) $4\frac{5}{12} =$ _____

d) $8\frac{2}{13} =$ _____

Bruchteile, Bruchzahlen

4 Ergänze den fehlenden Zähler bzw. Nenner.

a) $\frac{36}{45} = \frac{}{5}$

b) $\frac{45}{225} = \frac{3}{}$

c) $\frac{12}{23} = \frac{}{253}$

d) $\frac{112}{12} = \frac{28}{}$

e) $\frac{3}{40} = \frac{}{1000}$

f) $\frac{570}{684} = \frac{}{6}$

Erweitern und kürzen

5 Schreibe als gekürzten Bruch bzw. in Prozent.

a) $25\% =$ _____

b) $48\% =$ _____

c) $\frac{5}{4} =$ _____

d) $\frac{1}{8} =$ _____

Erweitern und kürzen

6 Setze das Zeichen <, > oder = richtig ein.

a) $\frac{182}{601} \; \square \; \frac{190}{601}$

b) $\frac{1}{24} \; \square \; \frac{1}{25}$

c) $1\frac{1}{3} \; \square \; \frac{11}{7}$

d) $\frac{8}{14} \; \square \; \frac{15}{21}$

e) $7\frac{1}{50} \; \square \; 7{,}05$

f) $\frac{1}{25} \; \square \; 4\%$

g) $0{,}5\% \; \square \; \frac{1}{2}$

h) $\frac{17}{20} \; \square \; 0{,}85$

Vergleichen

7 Ergänze die Tabelle.

Prozent	36%			110%		
Dezimalzahl		0,65			2,5	
Bruch			$\frac{4}{25}$			$\frac{8}{5}$

Dezimalzahlen  12

8 Gib die auf dem Ausschnitt des Zahlenstrahls markierten Zahlen an und markiere E bei 0,0134 und F bei 0,0143.

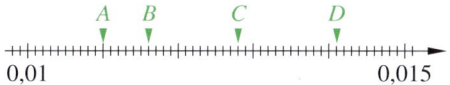

A _____ ; B _____ ; C _____ ; D _____

Dezimalzahlen  6

9 Gib die kleinste und die größte Zahl an.

a) 4,077; 7,044; 4,704; 7,407   kleinste Zahl: _____   größte Zahl: _____

b) 1,0101; 1,1; 1,101; 1,11; 1,01   kleinste Zahl: _____   größte Zahl: _____

Dezimalzahlen  4

10 Schreibe zunächst die auf Zehntel und dann die auf Hundertstel gerundete Dezimalzahl auf.

a) $\frac{69}{500}$ _____ _____   b) $\frac{75}{120}$ _____ _____   c) $0,5\overline{4}$ _____ _____   d) 32,9% _____ _____

e) $\frac{26}{400}$ _____ _____   f) $2\frac{5}{8}$ _____ _____   g) $0,\overline{6}$ _____ _____   h) 7,4% _____

Runden  16

11 Rechne vorteilhaft.

a) $24 \cdot 4 \cdot 6 \cdot 25 =$ _____   b) $8 \cdot 17 \cdot 5 \cdot 125 =$ _____

c) $86 \cdot 4 - 4 \cdot 35 =$ _____   d) $9 \cdot 16 + 44 \cdot 9 =$ _____

Vorteilhaft rechnen  4

Solltest du bei Aufgaben noch weiteren Übungsbedarf haben, dann schau in der Ausgangsdiagnose nach, welches Angebot dir zu dem jeweiligen Thema zur Verfügung steht.

S. 38, 39 ←

Addition und Subtraktion

Aufgabe	w	f	Bemerkungen oder richtige Lösungen	Richtig gelöst? ✔

1

$\frac{9}{13} - \frac{8}{13} = \frac{1}{13}$

$\frac{2}{9} + \frac{7}{9} = \frac{9}{18} = \frac{1}{2}$

$\frac{4}{7} + \frac{1}{7} - \frac{3}{7} = \frac{2}{7}$

$\frac{17}{44} - \frac{9}{44} = \frac{2}{11}$

$\frac{32}{51} + \frac{19}{51} = \frac{20}{49} + \frac{29}{49}$

$\frac{11}{12} - \frac{5}{12} = \frac{1}{3}$

Gleichnamige Brüche

S. 46, Nr. 1, 2, 3, 4, 5, 6 ←

2

$\frac{7}{99} + \frac{5}{9} = \frac{4}{33}$

$\frac{11}{15} - \frac{3}{5} = \frac{8}{15}$

$\frac{8}{21} + \frac{4}{7} < 1$

$\frac{3}{20} + \frac{2}{5} - \frac{1}{4} = \frac{3}{10}$

$\frac{7}{60} + \frac{2}{15} > \frac{9}{20} - \frac{1}{5}$

Das Ergebnis der durch die Grafik darge-
stellten Addition ist $\frac{5}{6}$.

Ungleichnamige Brüche – Nenner sind Vielfache

S. 47, Nr. 7, 8, 9, 10, 11, 12, 13 ←

3

$\frac{2}{3} - \frac{1}{5} = \frac{1}{15}$

$\frac{1}{2} + \frac{1}{3} + \frac{1}{5} = \frac{31}{30}$

$\frac{3}{4} - \frac{2}{3} + \frac{3}{5} > 1$

$\frac{5}{9} + \frac{2}{7} = \frac{52}{63}$

$\frac{14}{21} - \frac{1}{2} = \frac{1}{6}$

Das Ergebnis der durch die Grafik darge-
stellten Subtraktion ist $\frac{1}{15}$.

Ungleichnamige Brüche – Nenner sind teilerfremd

S. 48, Nr. 14, 15, 16, 17, 18, 19 ←

geübt?

geübt?

geübt?

Aufgabe	w	f	Bemerkungen oder richtige Lösungen	Richtig gelöst? ✔

4

$\frac{7}{8} + \frac{5}{12} = \frac{31}{24}$

$\frac{7}{30} - \frac{3}{20} = \frac{13}{60}$

$\frac{8}{21} - \frac{3}{14} = \frac{1}{7}$

$\frac{3}{42} + \frac{2}{10} = \frac{19}{70}$

$\frac{3}{2} + \frac{5}{8} - \frac{5}{6} > 1$

Ungleichnamige Brüche – Nenner haben gemeinsame Teiler   045-1   **S. 49, Nr. 20, 21, 22, 23** ←

5

$3 + \frac{1}{4} = 3\frac{1}{4}$

$3 - \frac{3}{4} = 2\frac{3}{4}$

$1\frac{4}{9} + 2\frac{1}{4} = 3\frac{25}{36}$

$108\frac{19}{22} + 291\frac{7}{11} = 400\frac{1}{22}$

$15\frac{5}{6} - 2\frac{1}{3} = 13\frac{1}{2}$

$10\frac{2}{5} - 8\frac{9}{10} = 1\frac{1}{2}$

Gemischte Zahlen   **S. 49, Nr. 24, S. 50, Nr. 25, 26, 27, 28, 29, 30** ←

6

$3,43 - 2,02 = 1,23$

$9 - 7,86 = 1,14$

$8,375 + 24,83 = 33,25$

$7,15 - 5,257 = 1,893$

$1\frac{3}{4} - 25\% = 1,5$

$4\% + 1,2 = 1,6$

Dezimalzahlen   **S. 51, Nr. 31, 32, 33, 34, 35, 36, S. 52, Nr. 37, 38** ←

geübt?

Hast du alles richtig gemacht bzw. hast du entsprechend geübt, solltest du auf jeden Fall auch komplexe Aufgaben lösen, bevor du dich dem nächsten Thema widmest.

S. 52, Nr. 39, 40, S. 53, Nr. 41, 42, 43, 44 ←

geübt?

Addition und Subtraktion

Basisaufgaben

Gleichnamige Brüche

1 Berechne. Kürze, wenn möglich.

a) $\frac{5}{24} + \frac{11}{24} =$ _____

b) $\frac{25}{27} - \frac{16}{27} =$ _____

c) $\frac{12}{19} - \frac{2}{19} =$ _____

d) $\frac{1}{25} + \frac{19}{25} =$ _____

e) $\frac{16}{3} - \frac{13}{3} =$ _____

f) $\frac{13}{21} + \frac{29}{21} =$ _____

g) $\frac{57}{80} - \frac{17}{80} =$ _____

h) $37\% + \frac{63}{100} =$ _____

i) $\frac{47}{100} - 22\% =$ _____

2 Vervollständige die Additionspyramide. Gib darin auch gekürzte Ergebnisse an, wenn dies möglich ist.

a)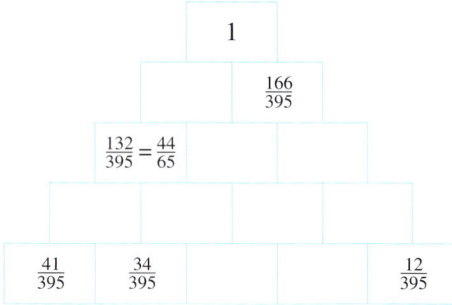

b)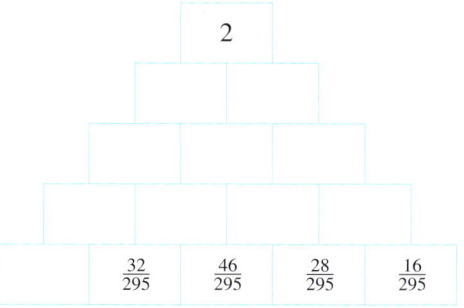

3 In einem magischen Quadrat ist der Wert der Summe in jeder Zeile, in jeder Spalte und entlang jeder Diagonale gleich. Diese Zahl wird magische Zahl genannt. Ergänze das magische Quadrat und gib die magische Zahl an. Alle Brüche sind gleichnamig und in den Zählern kommen nur die Zahlen 1 bis 9 vor.

a) 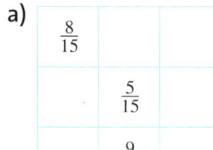 **b)**

a) magische Zahl _____ **b)** magische Zahl _____

4 Zwei Bruchteildarstellungen sind gegeben. Welchen Wert ergibt die Summe der Anteile und welchen die Differenz aus dem größeren und dem kleineren Anteil?

a) **b)** **c)**

 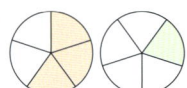

_____ _____ _____

5 Berechne.

a) $\frac{7}{99} + \frac{83}{99} - \frac{32}{99} - \frac{49}{99}$ _____

b) $\frac{11}{8} + \frac{2}{3} - \frac{3}{8} - \frac{1}{3}$ _____

6 Gib alle möglichen Summen an.

a) Es gilt $\frac{\square}{6} + \frac{\square}{6} = 1$. Der erste Summand ist mindestens so groß wie der zweite.

_____

b) Es gilt $\frac{\square}{5} + \frac{\square}{5} = 2$. Der erste Summand ist höchstens so groß wie der zweite.

_____

Ungleichnamige Brüche – Nenner sind Vielfache

7 Berechne. Kürze, wenn möglich.

a) $\frac{1}{2} + \frac{1}{4} =$ _____

b) $\frac{17}{18} - \frac{8}{9} =$ _____

c) $\frac{3}{4} - \frac{3}{8} =$ _____

d) $\frac{1}{8} + \frac{7}{48} =$ _____

e) $\frac{3}{2} - \frac{7}{24} =$ _____

f) $\frac{6}{7} + \frac{3}{21} + \frac{2}{3} =$ _____

g) $\frac{1}{2} + \frac{5}{12} - \frac{5}{6} =$ _____

h) $\frac{3}{4} - 60\% =$ _____

i) $5\% + \frac{2}{5} =$ _____

8 Setze das Zeichen < oder > richtig ein.

a) $\frac{5}{14} - \frac{1}{7}$ ☐ $\frac{7}{10} - \frac{2}{5}$ _____

b) $\frac{3}{8} + \frac{5}{16}$ ☐ $\frac{2}{9} + \frac{7}{27}$ _____

c) $\frac{4}{5} - \frac{4}{15}$ ☐ $\frac{9}{11} - \frac{7}{22}$ _____

d) $\frac{5}{6} - \frac{7}{18}$ ☐ $\frac{5}{12} + \frac{5}{24}$ _____

9 Welchen Anteil hat die gefärbte Fläche an der gesamten Fläche der Figur?

a) 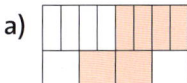 _____

b) 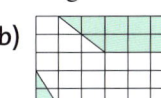 _____

10 Berechne und gib in der nächstkleineren Einheit an.

a) $\frac{1}{2}$ min $+ \frac{3}{4}$ min $=$ _____

b) $\frac{32}{25}$ m $+ \frac{11}{50}$ m $=$ _____

c) $\frac{3}{4}$ t $- \frac{3}{8}$ t $=$ _____

d) $\frac{4}{6}$ h $+ \frac{1}{3}$ h $- \frac{5}{12}$ h $=$ _____

11 Welche Zahl musst du für ☐ einsetzen, damit die Rechnung stimmt?

a) $\frac{3}{4} + \frac{\square}{8} = 1$ _____

b) $\frac{7}{8} - \frac{\square}{16} = \frac{1}{2}$ _____

c) $\frac{7}{12} + \frac{\square}{24} = 2\frac{1}{2}$ _____

d) $\frac{42}{18} - \frac{\square}{3} = 0$ _____

e) $\frac{5}{28} + \frac{3}{\square} = \frac{11}{28}$ _____

f) $\frac{7}{9} - \frac{3}{\square} = \frac{11}{18}$ _____

12 Zum Streichen eines Wandbereiches mit oranger Farbe werden $\frac{1}{2}$ Liter rote Farbe mit $\frac{3}{4}$ Liter gelber Farbe gemischt.
Wie viel Liter orange Farbe ergibt das und welcher Rest bleibt, wenn $\frac{5}{6}$ Liter der Farbe verbraucht werden?

_____

_____

_____

13 Sieben Zehntel der Plätze eines Busses sind besetzt. An der nächsten Haltestelle steigen fünf Personen aus und keiner ein.
Nun sind drei Fünftel der Plätze des Busses besetzt. Wie viele Plätze hat der Bus?

_____

_____

_____

Addition und Subtraktion

14 Berechne. Kürze, wenn möglich.

a) $\frac{1}{3} + \frac{2}{5} =$ _____

b) $\frac{1}{11} - \frac{1}{12} =$ _____

c) $\frac{7}{8} - \frac{7}{9} =$ _____

d) $\frac{3}{5} + \frac{6}{7} =$ _____

e) $\frac{5}{2} - \frac{7}{3} =$ _____

f) $\frac{1}{2} + \frac{3}{7} + \frac{1}{3} =$ _____

g) $\frac{1}{4} + \frac{2}{5} - \frac{3}{7} =$ _____

h) $\frac{7}{9} - 60\,\% =$ _____

i) $10\,\% + \frac{1}{7} =$ _____

15 Stimmt die Aussage? Begründe, ohne zu rechnen.

a) $\frac{14}{27} + \frac{15}{29} > 1$ _____

b) $\frac{18}{37} - \frac{1}{38} < 0,5$ _____

16 Welcher Fehler wurde jeweils gemacht. Wie heißt das richtige Ergebnis?

① $\frac{2}{5} + \frac{3}{4} = \frac{2+4}{5+3} = \frac{6}{8} = \frac{3}{4}$ _____

② $\frac{2}{5} + \frac{3}{4} = \frac{8}{20} + \frac{15}{20} = \frac{23}{40}$ _____

③ $\frac{2}{5} + \frac{3}{4} = \frac{10}{20} + \frac{12}{20} = \frac{22}{20} = 1\frac{1}{10}$ _____

_____

17 Addiere jeweils 1 im Zähler und im Nenner und überprüfe, ob der entstandene Bruch gegenüber dem vorherigen größer oder kleiner ist. Bestimme auch die Differenz.

a) $\frac{3}{4}$ _____

b) $\frac{5}{4}$ _____

18 Vertauscht man bei einem Bruch Zähler und Nenner, so erhält man den Kehrwert dieses Bruches.

a) Addiere zu jedem der Brüche $\frac{4}{3}$, $\frac{5}{4}$, $\frac{6}{5}$, $\frac{7}{6}$ und $\frac{8}{7}$ jeweils seinen Kehrwert.

_____

_____

_____

b) Subtrahiere jeweils den Bruch $\frac{3}{4}$, $\frac{4}{5}$, $\frac{5}{6}$, $\frac{6}{7}$ bzw. $\frac{7}{8}$ von seinem Kehrwert.

_____

_____

_____

19 Etwa $\frac{2}{3}$ des menschlichen Körpers besteht aus Wasser, ungefähr $\frac{1}{10}$ des Körpers ist Fett. Welcher Bruchteil des menschlichen Körpers besteht aus anderen Stoffen?

_____

_____

Ungleichnamige Brüche – Nenner haben gemeinsame Teiler

20 Berechne. Kürze, wenn möglich.

a) $\dfrac{7}{15} - \dfrac{7}{18} = $ _____

b) $\dfrac{7}{12} + \dfrac{3}{40} = $ _____

c) $\dfrac{23}{24} - \dfrac{7}{16} = $ _____

d) $\dfrac{13}{16} + \dfrac{7}{28} = $ _____

e) $\dfrac{5}{6} - \dfrac{2}{3} + \dfrac{1}{9} = $ _____

f) $\dfrac{7}{15} - \dfrac{5}{12} + \dfrac{9}{120} = $ _____

g) $\dfrac{12}{21} - \dfrac{3}{14} + \dfrac{1}{7} = $ _____

h) $\dfrac{7}{20} + \dfrac{3}{8} - 0,1 = $ _____

i) $0,75 - \dfrac{5}{16} + \dfrac{7}{20} = $ _____

21 Ermittle zeichnerisch den Wert der Summe. Notiere auch die Aufgabe, die dargestellt wurde.

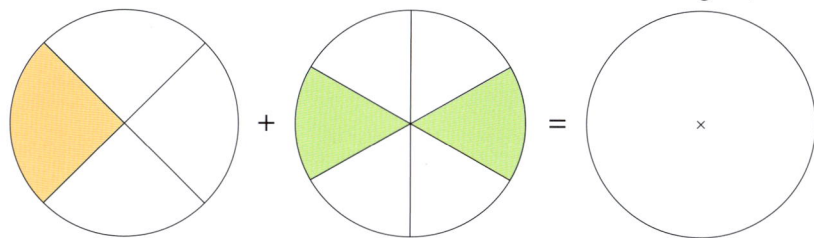

_____

22 Vom Busbahnhof fährt alle fünfzehn Minuten ein Bus der Linie A und alle 35 Minuten ein Bus der Linie B. Um 10 Uhr ergibt sich die gleichzeitige Abfahrt der Busse beider Linien. Bei welchen Uhrzeiten ist das auch der Fall? Die Linien verkehren täglich von 6 Uhr bis 22 Uhr.

_____

_____

_____

_____

23 Paul mixt sieben Liter Gesundheitssaft. $\frac{1}{4}$ des Getränks ist Orangensaft, $\frac{1}{8}$ ist Zitronensaft, $\frac{2}{7}$ ist Grapefruitsaft und $\frac{1}{14}$ Himbeersirup. Welchen Anteil Wasser muss er auffüllen und wie viel Liter sind das?

_____

_____

_____

Gemischte Zahlen

24 Ergänze die fehlenden Zahlen in der Tabelle.

a)

+	$\frac{2}{3}$	$1\frac{3}{4}$		$\frac{9}{10}$	$2\frac{7}{12}$
$\frac{4}{5}$	$1\frac{7}{15}$				
$2\frac{5}{12}$					
$1\frac{1}{3}$					
$3\frac{5}{6}$			$6\frac{2}{3}$		
	$\frac{11}{12}$				

b)

−	$\frac{4}{5}$	$1\frac{7}{16}$			$1\frac{1}{2}$
5	$4\frac{1}{5}$				
$2\frac{3}{4}$				$\frac{7}{8}$	
$3\frac{1}{8}$			$3\frac{1}{8}$		
					$3\frac{1}{16}$
$10\frac{1}{8}$					

Addition und Subtraktion

25 Ergänze die fehlenden Zahlen.

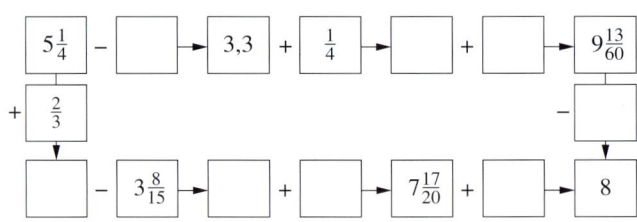

26 Im magischen Quadrat sind die Werte der Summen in Zeilen, Spalten und entlang der Diagonalen stets gleich.

a) Ergänze zum magischen Quadrat.

b) Handelt es sich hier um ein magisches Quadrat?

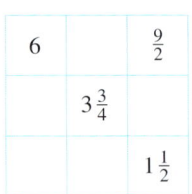

6		$\frac{9}{2}$
	$3\frac{3}{4}$	
	$1\frac{1}{2}$	

_____

_____

_____

_____

$1\frac{23}{24}$	$\frac{1}{3}$	$\frac{5}{24}$	$1\frac{7}{12}$
$\frac{7}{12}$	$1\frac{5}{24}$	$1\frac{1}{3}$	$\frac{23}{24}$
$1\frac{1}{12}$	$\frac{17}{24}$	$\frac{5}{6}$	$1\frac{11}{24}$
$\frac{11}{24}$	$1\frac{5}{6}$	$1\frac{17}{24}$	$\frac{1}{12}$

27 Das Rechenergebnis jedes Kärtchens ist gleich der ersten Zahl einer Aufgabe auf einem anderen Kärtchen. Finde die Reihenfolge der Kärtchen heraus und nummeriere sie. Zum Schluss erhältst du das Ergebnis $3\frac{1}{12}$.

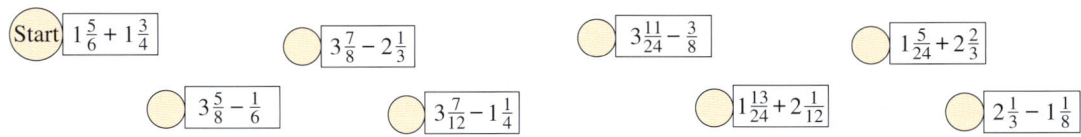

Start $1\frac{5}{6} + 1\frac{3}{4}$ $3\frac{7}{8} - 2\frac{1}{3}$ $3\frac{11}{24} - \frac{3}{8}$ $1\frac{5}{24} + 2\frac{2}{3}$

$3\frac{5}{8} - \frac{1}{6}$ $3\frac{7}{12} - 1\frac{1}{4}$ $1\frac{13}{24} + 2\frac{1}{12}$ $2\frac{1}{3} - 1\frac{1}{8}$

28 Peter ist $10\frac{1}{6}$ Jahre älter als seine Schwester. Seine Mutter ist $1\frac{1}{2}$ Jahre jünger als sein Vater. Seine Schwester ist $36\frac{5}{12}$ Jahre jünger als ihr Vater, der genau 40 Jahre alt ist. Wie alt ist jeder?

_____

_____

_____

29 Berechne.

a) $\left(6\frac{2}{5} + 3\frac{1}{2}\right) - \left(3\frac{3}{5} + 2\frac{1}{4}\right) = $ _____

b) $\left(1\frac{1}{4} + 2\frac{5}{6}\right) - \left(2\frac{1}{3} + \frac{1}{2}\right) = $ _____

30 Subtrahiere von $2\frac{3}{8}$ die Differenz aus $2\frac{3}{4}$ und $1\frac{4}{5}$ und addiere $3\frac{3}{10}$.

a) Schreibe den Text zunächst als eine Rechenaufgabe und bestimme danach das Ergebnis.

_____

b) Wie muss die letzte zu addierende Zahl heißen, damit das Ergebnis 3 ist?

_____

c) Wie muss die letzte zu addierende Zahl heißen, damit das Ergebnis $1\frac{1}{2}$ ist?

_____

Dezimalzahlen

31 Berechne.

a) $5{,}3 + 1{,}9 =$ _____

b) $9{,}6 - 5{,}3 =$ _____

c) $6 - 4{,}68 =$ _____

d) $8{,}375 + 23{,}88 =$ _____

e) $2{,}6841 - 0{,}149 =$ _____

f) $13{,}25 - 4{,}3589 =$ _____

g) $\frac{3}{4} + 5{,}25 =$ _____

h) $3{,}49 - \frac{1}{2} =$ _____

i) $\frac{3}{10} - 0{,}03 =$ _____

j) $3{,}09 - \frac{3}{4} =$ _____

k) $28\,\% + 0{,}7 - \frac{7}{20} =$ _____

l) $\frac{1}{8} + 3{,}625 - 25\,\% =$ _____

32 Welche Zahl muss addiert werden, um das angegebene Ergebnis zu erhalten?
a) Der Wert der Summe ist 1.

① 0,6 _____ ; ② 0,66 _____ ; ③ 0,6666 _____ ; ④ 0,9 _____ ; ⑤ 0,09 _____

b) Der Wert der Summe ist die nächstgrößere natürliche Zahl.

① 7,3 _____ ; ② 4,020 _____ ; ③ 18,29 _____ ; ④ 3,303 _____ ; ⑤ 9,89 _____

33 Rechne.

a)
$$\begin{array}{r} 16{,}73 \\ +\,33{,}08 \\ \hline \end{array}$$

b)
$$\begin{array}{r} 2510{,}6 \\ +\,8604{,}08 \\ \hline \end{array}$$

c)
$$\begin{array}{r} 3{,}012 \\ -\,1{,}58 \\ \hline \end{array}$$

d)
$$\begin{array}{r} 39{,}2 \\ -\,28{,}59 \\ \hline \end{array}$$

34 Ergänze die Tabelle.

x	4389,41	266,76		438,007
y	277,9		3531,401	
$x + y$			8076,09	
$x - y$		102,48		200,008

35 Ergänze die fehlenden Ziffern.

a)

b)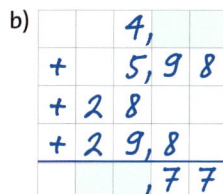

36 Setze Dezimalzahlen so ein, dass die Rechnung in Pfeilrichtung korrekt ist.

a)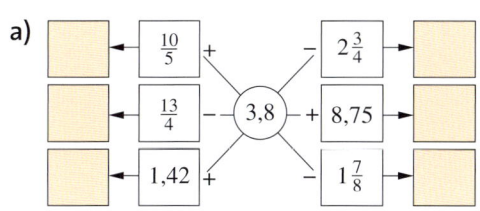

b)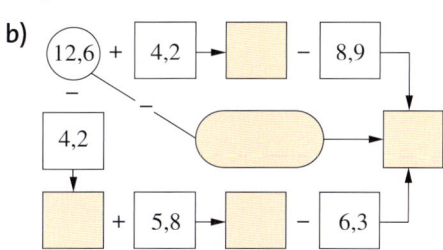

Addition und Subtraktion

37 Finde mindestens drei Dezimalzahlen, die für ☐ eingesetzt werden können.

a) $0,65 + \square < 1,11$ _____

b) $2\frac{1}{8} - \square > 1$ _____

c) $\frac{1}{3} + \square < 1$ _____

d) $0,55 - \square > \frac{1}{2}$ _____

e) $\square + 2,953 > 3\frac{17}{100}$ _____

f) $\square - 3 < 1\frac{1}{4}$ _____

38 Löse die Aufgabe auf zwei Arten, erst mit den kleinsten und dann mit den größten vorkommenden Einheiten.

a) $4\,g + 4\,mg$ _____ _____

b) $5,005\,m - 7\,cm$ _____ _____

c) $0,337\,km - 33,7\,m$ _____ _____

d) $4,9\,t - 49\,kg$ _____ _____

e) $703,586\,dm + 65,7\,cm$ _____ _____

f) $2,5\,h - 30\,min$ _____ _____

Komplexe Aufgaben

39 Angenommen, du hast zwei Becher mit je $\frac{1}{3}$ l und $\frac{1}{4}$ l Fassungsvermögen, außerdem noch eine 2-l-Flasche.

a) Kannst du jeweils mit gefüllten Bechern die Flasche füllen? Begründe.

_____

_____

b) Welche Flüssigkeitsmengen kannst du unter Verwendung beider Becher (jeweils gefüllt) in die Flasche füllen?

_____

_____

_____

_____

_____

40 Zur Auswahl stehen die natürlichen Zahlen 1 bis 9, die anstelle der Variablen a bis d in $\frac{a}{b} + \frac{c}{d}$ jeweils nur genau einmal eingesetzt werden können.

a) Bei welcher Auswahl ergibt sich der größte Wert der Summe? _____

b) Bei welcher Auswahl ergibt sich der kleinste Wert der Summe? _____

c) Bei welcher Auswahl ergibt sich der größte Wert kleiner als 1? _____

41 Auf dem Weg durch den Zahlen-Irrgarten muss jede erreichte Zahl addiert werden. Welcher Weg führt zum größten Ergebnis, welcher zum kleinsten Ergebnis und welcher Weg bringt das Ergebnis 8? Schreibe die Wege als Rechenaufgabe auf.

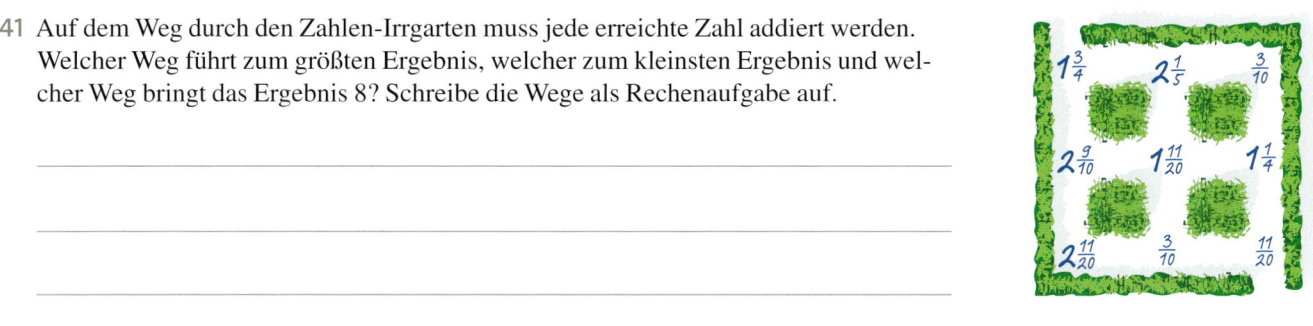

_____

_____

_____

42 Bilde aus vier verschiedenen Ziffern die größtmögliche und die kleinstmögliche Dezimalzahl mit drei Nachkommastellen. Subtrahiere die kleinere von der größeren Zahl. Bilde aus den Ziffern des Ergebnisses wieder die größtmögliche und die kleinstmögliche Zahl mit drei Nachkommastellen. Subtrahiere wieder usw. Führe dies siebenmal durch. Was stellst du fest? Untersuche, ob das auch mit anderen Zahlen der Fall ist.

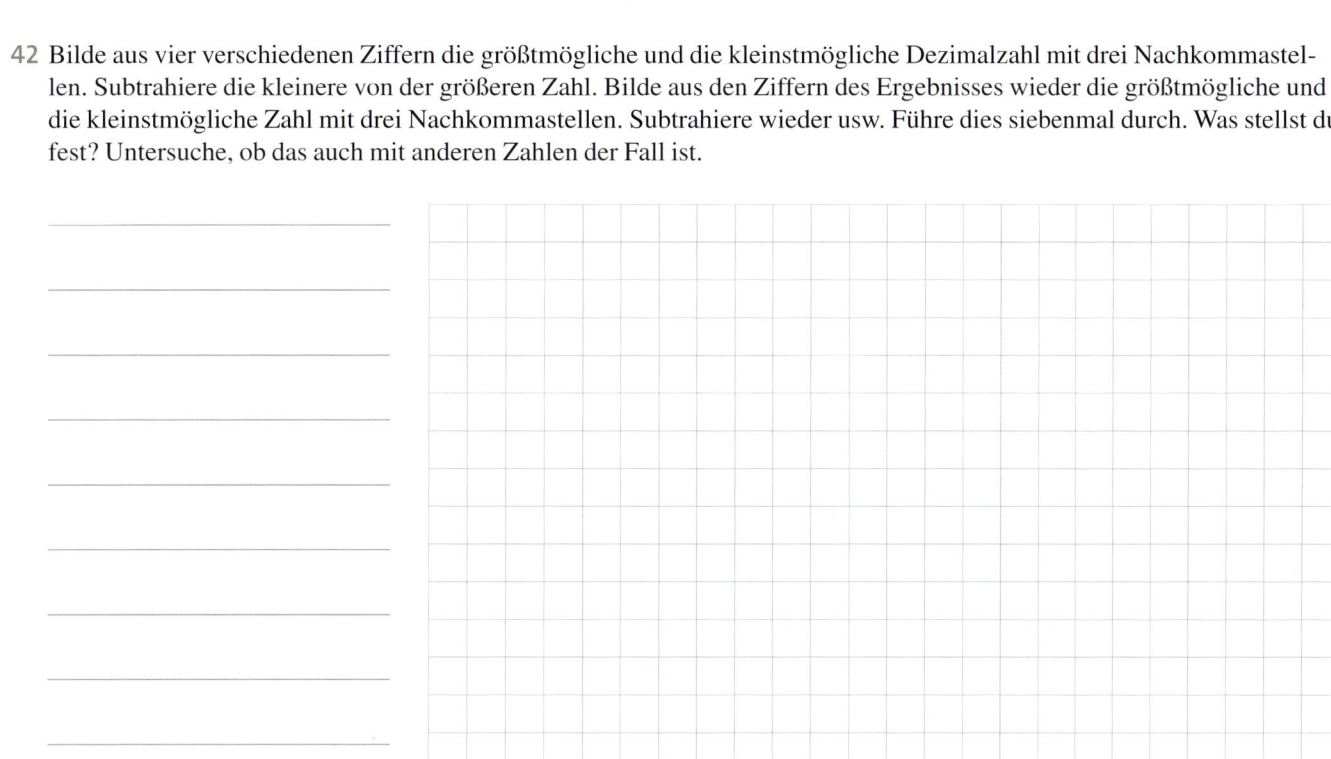

43 Aus den Ziffern 0, 2, 4, 5, 7 und 9 sollen Zahlen gebildet werden, sodass die folgende Bedingung erfüllt ist.

   a) Der Wert der Summe ist möglichst klein.
   b) Der Wert der Summe ist 6,84.
   c) Der Wert der Differenz ist möglichst klein.
   d) Der Wert der Differenz ist 4,68.

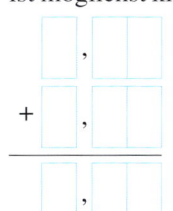
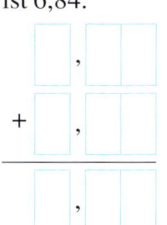
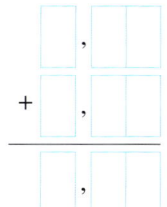
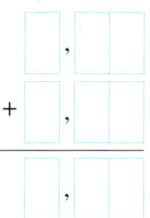

44 Gib 2, 3, 4 Plättchen an, sodass die Summe der Zahlen den Wert 1 hat. Finde alle Möglichkeiten.

_____

_____

_____

Addition und Subtraktion

1 Berechne

a) $\frac{7}{24} + \frac{5}{24} + \frac{9}{24} =$ _____

b) $\frac{3}{10} + 2\frac{7}{10} =$ _____

c) $122\% - \frac{23}{100} =$ _____

Gleichnamige Brüche

2 Berechne.

a) $\frac{3}{5} + \frac{3}{10} =$ _____

b) $\frac{37}{13} - \frac{201}{130} =$ _____

c) $\frac{2}{9} + \frac{2}{36} =$ _____

Ungleichnamige Brüche – Nenner sind Vielfache

3 In einem Parlament hat die Partei X $\frac{3}{10}$ aller Sitze, die Partei Y 17% aller Sitze. Haben die beiden Parteien zusammen die Mehrheit der Sitze?

_____

_____

Ungleichnamige Brüche – Nenner sind Vielfache

4 Berechne.

a) $\frac{7}{8} - \frac{4}{5} =$ _____

b) $\frac{3}{4} - \frac{5}{9} =$ _____

c) $\frac{1}{4} + \frac{8}{27} =$ _____

d) $\frac{5}{6} - \frac{4}{7} =$ _____

e) $\frac{2}{3} + 2\frac{2}{13} =$ _____

f) $\frac{21}{4} - 3\frac{1}{11} =$ _____

Ungleichnamige Brüche – Nenner sind teilerfremd

5 Veranschauliche die Rechnung.

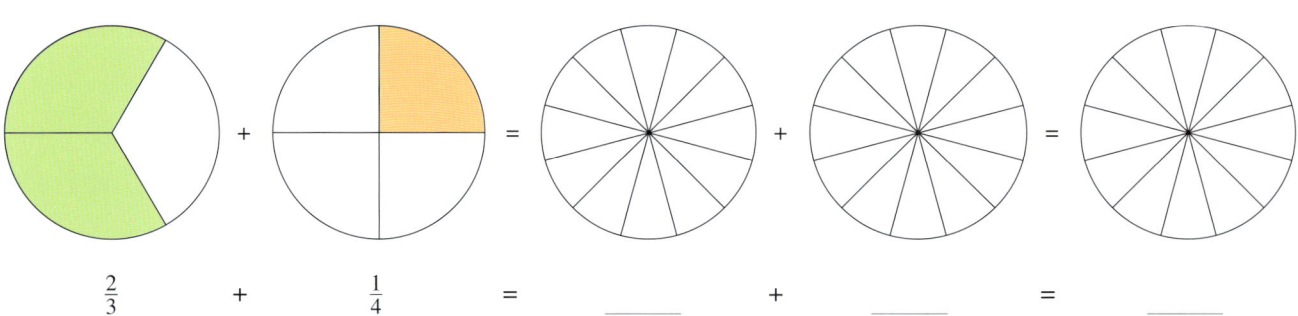

$\frac{2}{3}$ + $\frac{1}{4}$ = _____ + _____ = _____

Ungleichnamige Brüche – Nenner sind teilerfremd

6 Berechne.

a) $\frac{7}{4} - \frac{5}{14} = $ _____

b) $\frac{3}{4} + \frac{3}{10} = $ _____

c) $\frac{5}{21} - \frac{3}{14} = $ _____

Ungleichnamige Brüche – Nenner haben gemeinsame Teiler  ⟋3

7 Welchen Anteil an der Gesamtfigur nimmt die gefärbte Fläche ein?

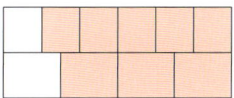 _____

Ungleichnamige Brüche – Nenner haben gemeinsame Teiler  ⟋2

8 Berechne.

a) $\frac{1}{4} + 2\frac{3}{5} = $ _____

b) $\frac{15}{4} - 3\frac{1}{8} = $ _____

c) $\frac{4}{5} + 1\frac{1}{4} = $ _____

d) $5\frac{3}{4} - 2\frac{5}{7} = $ _____

e) $1\frac{1}{6} + 2\frac{7}{10} = $ _____

f) $3\frac{8}{21} - 2\frac{23}{42} = $ _____

Gemischte Zahlen   ⟋6

9 Begründe ohne „formale" Rechnung, warum das Ergebnis nicht stimmen kann.

a) $\frac{2}{3} + 1\frac{1}{5} = \frac{16}{15}$ _____

b) $\frac{11}{3} - \frac{7}{5} = 1$ _____

c) $1\frac{1}{2} + 2\frac{1}{3} = 3\frac{2}{5}$ _____

Gemischte Zahlen   ⟋6

10 Berechne.

a) $3{,}08 + 7 - 0{,}08 = $ _____

b) $67{,}4 - 6{,}437 = $ _____

c) $9{,}06 - 0{,}0072 = $ _____

d) $2{,}029 - 3{,}020 + 1{,}971 = $ _____

e) $15\,\% + 1{,}7 = $ _____

f) $2\frac{2}{5} - 116\,\% = $ _____

Dezimalzahlen ⟋6

Solltest du bei Aufgaben noch weiteren Übungsbedarf haben, dann schau in der Ausgangsdiagnose nach, welches Angebot dir zu dem jeweiligen Thema zur Verfügung steht.

S. 44, 45 ←

Multiplikation und Division

Aufgabe	w	f	Bemerkungen oder richtige Lösungen	Richtig gelöst? ✔
1 $\frac{3}{4} \cdot \frac{2}{5} = \frac{6}{20} = \frac{3}{10}$				
$\frac{3}{8} \cdot \frac{7}{8} = \frac{21}{8}$				
$\frac{15}{12} \cdot \frac{18}{12} = \frac{9}{8} = 1\frac{1}{8}$				
$3\frac{2}{5} \cdot \frac{1}{6} = 3\frac{2}{30} = 3\frac{1}{15}$				
$\frac{7}{9} \cdot 1\frac{5}{28} = \frac{11}{12}$				
$2\frac{4}{7} \cdot 1\frac{2}{3} = 2\frac{8}{21}$				
Brüche multiplizieren			S. 58, Nr. 1, 2, 3, 4 ←	

2 $\frac{1}{9} : \frac{3}{8} = \frac{3}{72}$				
$\frac{4}{10} : \frac{8}{15} = \frac{3}{4}$				
$6 : \frac{4}{9} = \frac{27}{2} = 13\frac{1}{2}$				
$\frac{24}{39} : 3 = \frac{8}{13}$				
$2\frac{4}{7} : \frac{9}{14} = 2\frac{8}{9}$				
$9\frac{7}{16} : \frac{1}{8} = 75\frac{1}{2}$				
Brüche dividieren			S. 59, Nr. 5, 6, 7, 8 ←	

3 $6{,}22 \cdot 10 = 622$				
$1000 \cdot 4{,}826\,76 = 48\,267{,}6$				
$2{,}4 \cdot 6 = 14\,{,}4$				
$4{,}6 \cdot 0{,}3 = 1{,}38$				
$25{,}7 \cdot 0{,}05 = 12{,}85$				
$30{,}4 \cdot 8{,}05 = 244{,}72$				
$26{,}91 \cdot 1{,}45 = 39{,}0195$				
$3{,}5$ ist das Zwanzigfache von $1{,}75$.				
Dezimalzahlen multiplizieren			S. 60, Nr. 9, 10, 11, 12, 13; S. 61, Nr. 14, 15 ←	

geübt?

geübt?

geübt?

Aufgabe	w	f	Bemerkungen oder richtige Lösungen	Richtig gelöst? ✓
4 $9{,}54 : 1000 = 0{,}0954$				
$823{,}789 : 100 = 8{,}237\,89$				
$78{,}3 : 9 = 8{,}9$				
$10{,}25 : 5{,}125 = 2{,}1$				
$8{,}28 : 12 = 6{,}9$				
$9{,}72 : 1{,}2 = 8{,}1$				
$15{,}64 : 0{,}34 = 15\,640 : 34 = 460$				
$0{,}2376 : 0{,}132 = 1{,}8$				

Dezimalzahlen dividieren   **S. 61, Nr. 16, 17, 18, 19; S. 62, Nr. 20** ←

geübt?

	w	f	Bemerkungen oder richtige Lösungen	Richtig gelöst?
5 Tabea telefoniert für 3,8 Ct pro min mit ihrer Freundin, die gerade zu einem Austauschaufenthalt in die USA geflogen ist. Die beiden haben viel zu besprechen und das Gespräch dauert 1 h 18 min. Tabeas Mutter ist entsetzt. Sie hat 29,64 € Gebühren für das Gespräch ausgerechnet.				
Eisbären können mit bis zu $40\,\frac{km}{h}$ laufen. Ein guter Sprinter legt die 100-m-Strecke in 10,2 s zurück, das ist etwa der 353-ste Teil einer Stunde. Er läuft also ca. $35\,\frac{km}{h}$ und ist somit langsamer als der Eisbär.				
Peter jobbt als Küchenhilfe und erhält dafür 5,35 € pro h. Er hat bisher 18 h gearbeitet. Nun will er im Urlaub dieses Geld verwenden. Er hat ausgerechnet, dass er in den sechs Tagen in Italien durchschnittlich pro Tag 16,15 € zur Verfügung hat.				

Sachaufgaben   **S. 62, Nr. 21, 22, 23, 24** ←

geübt?

Hast du alles richtig gemacht bzw. hast du entsprechend geübt, solltest du auf jeden Fall auch komplexe Aufgaben lösen, bevor du dich dem nächsten Thema widmest.

S. 63, Nr. 25, 26, 27, 28, 29, 30, 31

geübt?

Multiplikation und Division

Basisaufgaben

Brüche multiplizieren

1 Berechne. Kürze, falls möglich.

a) $\frac{3}{2} \cdot \frac{4}{5} =$ _____

b) $\frac{2}{3} \cdot \frac{5}{7} =$ _____

c) $\frac{8}{25} \cdot \frac{15}{16} =$ _____

d) $\frac{5}{12} \cdot \frac{4}{7} =$ _____

e) $\frac{1}{13} \cdot \frac{8}{9} =$ _____

f) $8 \cdot \frac{2}{5} =$ _____

g) $\frac{16}{9} \cdot \frac{27}{60} =$ _____

h) $15 \cdot \frac{8}{25} =$ _____

i) $\frac{7}{20} \cdot \frac{15}{19} =$ _____

j) $36 \cdot \frac{2}{15} =$ _____

k) $\frac{11}{14} \cdot \frac{35}{99} =$ _____

l) $\frac{26}{45} \cdot \frac{60}{91} =$ _____

m) $\frac{805}{700} \cdot \frac{400}{230} =$ _____

n) $160 \cdot \frac{26}{520} =$ _____

o) $\frac{143}{442} \cdot \frac{425}{495} =$ _____

2 Berechne.

a) $2\frac{1}{6} \cdot \frac{1}{5} =$ _____

b) $\frac{5}{8} \cdot 1\frac{3}{15} =$ _____

c) $\frac{3}{7} \cdot 1\frac{5}{7} =$ _____

d) $1\frac{3}{8} \cdot \frac{4}{11} =$ _____

e) $3\frac{3}{4} \cdot 12 =$ _____

f) $1\frac{3}{4} \cdot 2\frac{2}{5} =$ _____

g) $5\frac{2}{10} \cdot \frac{3}{4} =$ _____

h) $\frac{2}{3} \cdot 8\frac{1}{3} =$ _____

i) $3\frac{5}{6} \cdot 4\frac{3}{4} =$ _____

j) $6\frac{6}{8} \cdot 1\frac{2}{3} =$ _____

k) $10\frac{9}{15} \cdot 20\frac{5}{14} =$ _____

l) $5\frac{1}{10} \cdot 8\frac{1}{3} =$ _____

m) $4\frac{2}{5} \cdot 2\frac{3}{4} =$ _____

n) $8\frac{4}{7} \cdot 9\frac{1}{12} =$ _____

o) $7\frac{5}{11} \cdot 9\frac{2}{3} =$ _____

3 Setze die Rechenschlangen fort.

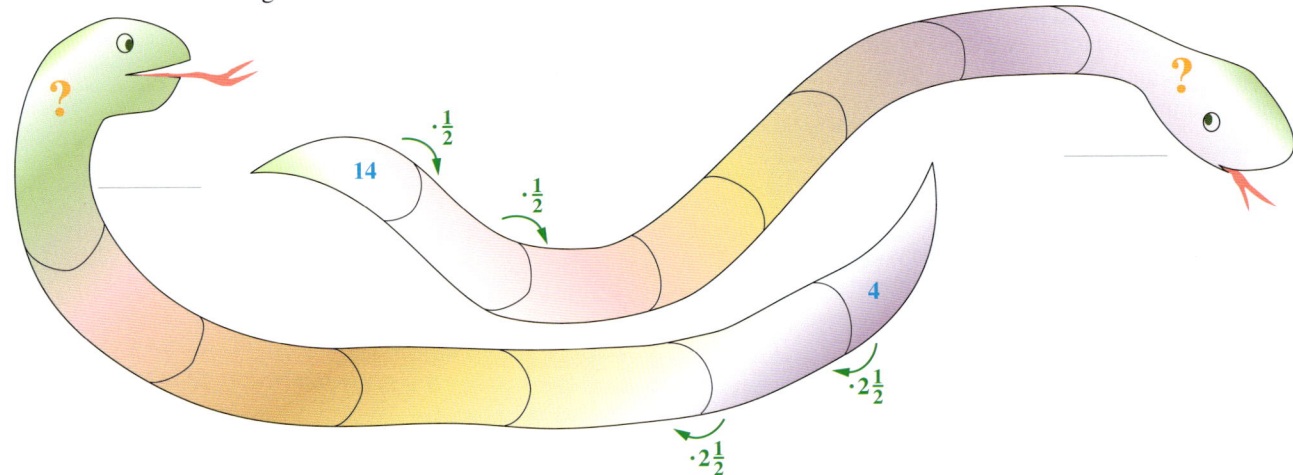

4 Fülle die Lücken aus.

a) $\frac{2}{3} \cdot \frac{6}{\square} = \frac{2}{\square} \cdot \frac{2}{\square} = \frac{\square}{15}$

b) $\frac{5}{36} \cdot \frac{\square}{\square} = \frac{1}{6} \cdot \frac{\square}{5} = \frac{7}{\square}$

c) $2\frac{2}{3} \cdot \frac{\square}{16} = \frac{\square}{3} \cdot \frac{\square}{16} = \frac{3}{2} = \square\frac{\square}{\square}$

d) $\square\frac{1}{3} \cdot \frac{1}{2} = \frac{\square}{3} \cdot \frac{1}{2} = 2\frac{1}{6}$

e) $\frac{\square}{11} \cdot \frac{\square}{7} = \frac{2}{11} \cdot \frac{\square}{1} = \frac{46}{11} = \square\frac{\square}{\square}$

f) $\square \cdot \frac{9}{26} = \frac{\square}{2} = \square\frac{1}{2}$

g) $\frac{\square}{16} \cdot \frac{3}{5} = \frac{\square}{80} = 0$

h) $\frac{21}{\square} \cdot \frac{26}{49} = \frac{\square}{\square} \cdot \frac{\square}{\square} = \frac{6}{35}$

i) $\frac{1}{\square} \cdot \frac{4}{\square} = \frac{1}{4} \cdot \frac{\square}{\square} = \frac{1}{100}$

Brüche dividieren

5 Berechne. Kürze, wenn möglich.

a) $\frac{1}{4} : \frac{5}{7} =$ _____

b) $\frac{6}{8} : \frac{3}{4} =$ _____

c) $\frac{5}{12} : \frac{4}{3} =$ _____

d) $\frac{6}{7} : \frac{3}{14} =$ _____

e) $\frac{8}{21} : \frac{6}{14} =$ _____

f) $\frac{12}{35} : \frac{3}{7} =$ _____

g) $8 : \frac{3}{4} =$ _____

h) $\frac{6}{5} : 9 =$ _____

i) $\frac{24}{30} : \frac{8}{5} =$ _____

j) $\frac{8}{15} : \frac{6}{20} =$ _____

k) $\frac{12}{35} : \frac{18}{40} =$ _____

l) $20 : \frac{44}{45} =$ _____

m) $\frac{14}{15} : 28 =$ _____

n) $3\frac{3}{5} : 1\frac{11}{25} =$ _____

o) $4\frac{6}{8} : 9\frac{1}{2} =$ _____

6 Korrigiere die falsche Rechnung.

a) $\frac{9}{15} : \frac{24}{32} = \frac{3}{5} \cdot \frac{3}{4} = \frac{9}{20}$

b) $\frac{8}{10} : \frac{30}{18} = \frac{4}{5} : \frac{5}{3} = \frac{4}{5} \cdot \frac{3}{5} = \frac{12}{5}$

c) $3\frac{2}{7} : \frac{9}{14} = \frac{5}{7} \cdot \frac{14}{9} = \frac{10}{9} = 1\frac{1}{9}$

_____

_____

_____

d) $5\frac{1}{4} : 3\frac{1}{5} = \frac{5}{4} : \frac{3}{5} = \frac{5}{4} \cdot \frac{5}{3} = 2\frac{1}{12}$

e) $\frac{20}{32} : \frac{21}{35} = \frac{5}{8} : \frac{3}{5} = \frac{3}{8}$

f) $\frac{7}{4} : \frac{9}{8} = \frac{4}{7} \cdot \frac{9}{8} = \frac{9}{14}$

_____

_____

_____

7 Vervollständige die Multiplikationstafel.

a)

·	$\frac{1}{4}$	$\frac{5}{6}$		$\frac{1}{3}$
		$\frac{5}{9}$		
$\frac{5}{11}$			$\frac{35}{132}$	
	$1\frac{1}{4}$			

b)

·	$\frac{3}{4}$	$1\frac{1}{8}$
	$\frac{3}{8}$	
$\frac{7}{9}$		$1\frac{17}{18}$
$\frac{4}{5}$		

8 Verbinde mit geraden Linien, sodass von oben nach unten eine korrekte Divisionsaufgabe zu lesen ist.

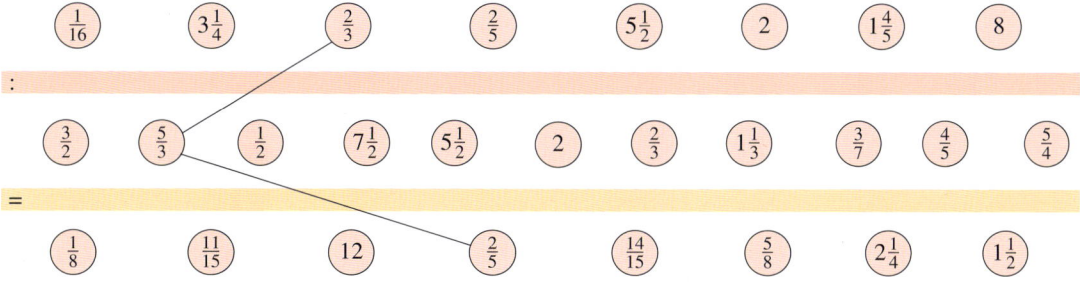

Multiplikation und Division

Dezimalzahlen multiplizieren

9 Berechne.

a) $3,8 \cdot 10 =$ _____

b) $70,2 \cdot 100 =$ _____

c) $3,08 \cdot 10 =$ _____

d) $1000 \cdot 1,205 =$ _____

e) $15,02 \cdot 10 =$ _____

f) $29,38 \cdot 1000 =$ _____

g) $16,8 \cdot 100 =$ _____

h) $100 \cdot 1,60 =$ _____

i) $10\,000 \cdot 2,5004 =$ _____

j) $8,555 \cdot 100 =$ _____

k) $0,808\,08 \cdot 1000 =$ _____

10 Rechne im Kopf.

a) $2,5 \cdot 4 =$ _____

b) $5 \cdot 0,2 =$ _____

c) $1,3 \cdot 6 =$ _____

d) $11 \cdot 0,7 =$ _____

e) $4,2 \cdot 3 =$ _____

f) $1,5 \cdot 8 =$ _____

g) $1,5 \cdot 0,6 =$ _____

h) $5,6 \cdot 0,4 =$ _____

i) $8,9 \cdot 0,2 =$ _____

j) $15,3 \cdot 4 =$ _____

k) $0,6 \cdot 0,7 =$ _____

l) $6,5 \cdot 0,5 =$ _____

11 Bestimme das Ergebnis.

a) das Fünffache von 3,75 _____

b) das Doppelte von 45,63 _____

c) das 200-fache von 9,86 _____

d) das 0,6-fache von 12,8 _____

e) das Dreieinhalbfache von 5,8 _____

f) das 60-fache von 9,13 _____

12 Berechne schriftlich.

a) $4,2 \cdot 0,8$

b) $8,49 \cdot 2,1$

c) $11,87 \cdot 0,56$

d) $99,88 \cdot 7,6$

e) $13,608 \cdot 5,33$

f) $27,713 \cdot 9,25$

g) $3,25 \cdot 7,1$

h) $16,34 \cdot 8,92$

i) $105,9 \cdot 5,85$

13 An einem Tag galten die gegebenen Umrechnungskurse. Rechne den Eurobetrag in die angegebene Währung um.

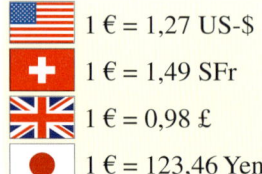

a) $2,60 \,€ =$ _____ US-$

b) $35,40 \,€ =$ _____ £

c) $12,65 \,€ =$ _____ SFr

d) $56,80 \,€ =$ _____ Yen

1 € = 1,27 US-$
1 € = 1,49 SFr
1 € = 0,98 £
1 € = 123,46 Yen

14 Gib drei verschiedene Produkte an, deren Wert 5,34 ergibt.

_____

_____

_____

15 Überschlage den Wert des Produktes und markiere das richtige Ergebnis.

a) 0,21 · 304,5   ① 63,945   ② 635,24   ③ 6,485   ④ 635,45

b) 5,36 · 16,75   ① 8,8612   ② 93,52   ③ 901,612   ④ 89,78

c) 14,6 · 281,43   ① 41016,38   ② 4108,878   ③ 409,5347   ④ 521,78

d) 19,36 · 0,04   ① 0,7744   ② 7,744   ③ 0,674   ④ 70,44

e) 65,28 · 0,013   ① 0,75464   ② 7,52464   ③ 8,88464   ④ 0,84864

Dezimalzahlen dividieren

16 Berechne.

a) 4,9 : 10 = _____   b) 8,63 : 100 = _____   c) 9,6 : 8 = _____   d) 4,86 : 9 = _____

e) 18,8 : 9,4 = _____   f) 83,7 : 3 = _____   g) 0,767 : 13 = _____   h) 8,19 : 0,9 = _____

17 Bestimme das Ergebnis.

a) ein Fünftel von 8,6   _____   b) ein Zehntel von 3,00147   _____

c) die Hälfte von 13,045   _____   d) ein Achtel von 10,3   _____

18 Berechne schriftlich.

a) 16,15 : 1,9   b) 17,8 : 400   c) 513,24 : 0,12

19 Berechne den Wert des Terms.

a) $\dfrac{0,51 \cdot 7 \cdot 9,5}{2,1 \cdot 0,68 \cdot 0,19}$ = _____

b) $\dfrac{0,7 \cdot 3 \cdot 0,11}{0,084 \cdot 5,5}$ = _____

c) $\dfrac{0,63 \cdot 3,9}{27,3 \cdot 0,36}$ = _____

Multiplikation und Division

20 Überprüfe die Rechnungen. Korrigiere, falls nötig.

a) 89,4 : 3 = 29,6 _____

b) 20,8 : 2,5 = 8,34 _____

c) 26 : 0,16 = 162,5 _____

Sachaufgaben

21 Für einen Pkw wurde an der Tankstelle ein 4-Liter-Kanister Motoröl zu 29,40 € gekauft. Für 20 Liter dieses Motoröls müssten 127 € bezahlt werden. Vergleiche die Preise pro Liter.

22 Lenas Brieffreundin Sally lebt in Großbritannien. Im letzten Brief schrieb Sally, dass ihr Hamster nun schon 3,5 inches lang ist und ihr Bruder 4,1 feet groß. Rechne mithilfe der Umrechnungsangaben in cm und m um.

> 1 inch (in) = 25,4 mm
>
> 1 foot (ft) = 12 inches = 30,48 cm

23 Neun Freunde beschließen, einen Ausflug mit dem Bus zu machen. Eine Gruppenfahrkarte für bis zu sechs Personen kostet 12,30 €. Sie könnten auch eine Zehnerkarte für 21 € kaufen. Welche Einzelfahrpreise ergeben sich jeweils?

24 Von einem Rechteck wurden die gerundeten Maße 321 cm und 24 cm angegeben. Gib an, zwischen welchen auf ganze dm^2 gerundeten Flächeninhalten die tatsächliche Fläche des Rechtecks liegt.

Komplexe Aufgaben

25 Ergänze die fehlende Zahl.

a) $\frac{3}{7} \cdot \underline{\hspace{1.5cm}} = 2$

b) $\frac{5}{9} \cdot \underline{\hspace{1.5cm}} = \frac{10}{3}$

c) $\underline{\hspace{1.5cm}} \cdot \frac{13}{8} = \frac{65}{72}$

d) $\frac{3}{4} \cdot \underline{\hspace{1.5cm}} = \frac{4}{3}$

e) $\underline{\hspace{1.5cm}} : \frac{6}{13} = 1$

f) $\underline{\hspace{1.5cm}} : \frac{12}{25} = \frac{25}{14}$

g) $\frac{20}{21} : \underline{\hspace{1.5cm}} = \frac{10}{7}$

h) $\underline{\hspace{1.5cm}} : \frac{4}{17} = 2\frac{1}{8}$

26 Berechne.

a) Gesucht ist das Fünffache des Kehrwertes von $\frac{7}{15}$. _____

b) Bei welchem Bruch ergibt der vierte Teil $\frac{5}{6}$? _____

c) Bestimme den Kehrwert des Quotienten aus $\frac{4}{7}$ und $\frac{16}{35}$. _____

d) Aus welcher Zahl ergibt sich nach der Division durch $\frac{3}{8}$ das Ergebnis $\frac{9}{32}$? _____

27 Ordne in aufsteigender Reihenfolge.

a) $6{,}34\overline{5}$; $6{,}345$; $6{,}\overline{345}$; $6{,}3\overline{45}$; $6{,}34$ _____

b) $1{,}08\overline{2}$; $1{,}082$; $1{,}0\overline{82}$; $1{,}\overline{082}$ _____

28 Der Notendurchschnitt des letzten Mathe-Testes in einer Klasse betrug genau 2,75. Wie viele Schülerinnen und Schüler könnte die Klasse haben? Achte auf sinnvolle Angaben.

_____

_____

_____

_____

29 Überschlage im Kopf und setze < oder > richtig ein.

a) $3{,}8 \cdot 7{,}5 \;\square\; 29{,}5$

b) $4{,}1 \cdot 3{,}9 \;\square\; 15{,}5$

c) $12{,}9 \cdot 3{,}2 \;\square\; 43{,}88$

d) $6{,}55 \cdot 18{,}5 \;\square\; 119{,}175$

30 Der Preis für eine Unze (31,1 g) Gold betrug 683,59 €. Ein Juwelier benötigte für die Anfertigung eines Ringes zu diesem Zeitpunkt 8,4 g Gold. Welche Materialkosten ergaben sich?

_____

_____

_____

31 Die Terme in ① und ② heißen Doppelbrüche, in ③ und ④ Kettenbrüche. Schreibe als Dezimalzahlen.

① $\dfrac{\frac{1}{2}}{\frac{1}{4}} = $ _____

② $\dfrac{\frac{3}{5}}{\frac{18}{10}} = $ _____

③ $\dfrac{1}{1+\frac{1}{2}} = $ _____

④ $\dfrac{1}{1+\frac{1}{1+\frac{1}{2}}} = $ _____

Multiplikation und Division

Kreuze gleich nach der Fertigstellung der Aufgabe an, wie du mit der Lösung der Aufgabe zurechtgekommen bist.
Trage später nach dem Vergleich mit den Lösungen ein, wie viele Aufgaben du richtig gelöst hast.

1 Ergänze die fehlenden Zahlen in Zähler bzw. Nenner.

a) $\dfrac{3}{4} \cdot \dfrac{\Box}{8} = \dfrac{15}{\Box}$

b) $\dfrac{14}{\Box} \cdot \dfrac{\Box}{49} = \dfrac{26}{42}$

c) $\dfrac{27}{\Box} \cdot \dfrac{5}{6} = 3\dfrac{3}{\Box}$

d) $\dfrac{\Box}{14} \cdot \dfrac{21}{\Box} = 2\dfrac{1}{4}$

Brüche multiplizieren

2 Berechne.

a) $\dfrac{2}{3} : \dfrac{7}{8} = $ _____

b) $\dfrac{34}{49} : 4 = $ _____

c) $\dfrac{7}{15} : \dfrac{21}{25} = $ _____

d) $5 : \dfrac{30}{64} = $ _____

e) $\dfrac{9}{10} : \dfrac{1}{2} = $ _____

f) $2\dfrac{9}{20} : 1\dfrac{2}{5} = $ _____

Brüche dividieren

3 Verbinde jeweils Aufgabe und Ergebnis mit einer geraden Linie.

Dezimalzahlen multiplizieren

4 Berechne.
a) $4{,}07 \cdot 8{,}45$

b) $2{,}82 \cdot 1{,}986$

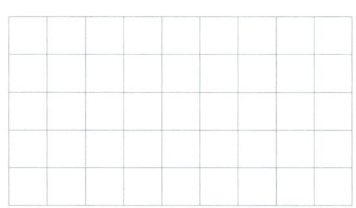

Dezimalzahlen multiplizieren

5 Berechne.

a) $7{,}086 : 1000 =$ _____

b) $10{,}072 : 2 =$ _____

c) $5{,}6 : 0{,}07 =$ _____

d) $24{,}7 : 6{,}5 =$ _____

e) $16{,}606 : 1{,}9 =$ _____

f) $2{,}8769 : 1{,}3 =$ _____

Dezimalzahlen dividieren
     6

6 Herr Hümmer heizt sein Haus mit einer modernen Holzpelletsheizung. Von einem Händler erfährt er, dass er für 3000 kg Holzpellets 630 € zahlen muss. Ein zweiter Händler liefert erst ab einer Mindestbestellmenge von 5000 kg. Diese würden 1150 € kosten. Welcher Händler bietet den besseren Preis?

_____

_____

_____

_____

Sachaufgaben
     5

7 Oliver will für seine USA-Reise 150 € in US-Dollar tauschen. Seine Schwester möchte für einen Schüleraustausch nach England 230 € in Britische Pfund tauschen. Wie viel Dollar bzw. Pfund erhalten die beiden an diesem Tag bei ihrer Bank?

DEVISEN		
1 Euro entspricht	**Devisen**	
14.10.	**Ankauf**	**Verkau**
Austr. Dollar (AUD)	1,6319	1,6
Brit. Pfund (GBP)	0,9343	0,9
Dänische Kr. (DKK)	7,4440	7,44
Japan. Yen (JPY)	133,3250	133,35
Kanad. Dollar (CAD)	1,5306	1,53
Norw. Kronen (NOK)	8,2669	8,2
Schwed. Kronen (SEK)	10,3073	10,3
Schweizer Fr. (CHF)	1,5146	1,51
Tschech. Kronen (CZK)	25,8650	25,91
Us-Dollar (USD)	1,4918	1,49

_____

_____

_____

Sachaufgaben
     4

Solltest du bei Aufgaben noch weiteren Übungsbedarf haben, dann schau in der Ausgangsdiagnose nach, welches Angebot dir zu dem jeweiligen Thema zur Verfügung steht.

S. 56, 57

Verbindung der Grundrechenarten

Aufgabe	w	f	Bemerkungen oder richtige Lösungen	Richtig gelöst? ✔
1 $9{,}3 + 5{,}4 + 6{,}7 + 4{,}1 = 16 + 9{,}5 = 25{,}5$				
$0{,}3 + 0{,}7 : 0{,}5 = 2$				
$\frac{3}{4} - \frac{1}{2} \cdot 1\frac{1}{5} = \frac{3}{20}$				
$5{,}4 + 8{,}1 \cdot (6{,}2 + 1{,}8) = 60{,}2$				
$\left(\frac{9}{10} : \frac{5}{3} + \frac{5}{4}\right) : 2 = \frac{11}{4}$				
$5 \cdot 1{,}2 + 0{,}42 : 0{,}6 = 6{,}7$				
$3\frac{1}{8} \cdot \frac{2}{5} + \frac{2}{3} : \frac{4}{3} = \frac{5}{4} + \frac{1}{2} = 1\frac{3}{4}$				
Multipliziert man einen Bruch mit einer Dezimalzahl, so muss die Dezimalzahl in einen Bruch umgewandelt werden.				
$5{,}2 \cdot \frac{1}{3} = 5{,}2 \cdot 0{,}3 = 1{,}56$				
$8 \cdot \frac{1}{8} + 0{,}7 = 8 \cdot 0{,}825 = 6{,}6$				
$\left(8\frac{3}{4} - 7{,}75 : \frac{7}{5}\right) = (8{,}75 - 7{,}75) \cdot \frac{5}{7} = 1\frac{5}{7}$				

Rechenvorteile nutzen und Rechenregeln beachten   S. 68, Nr. 1, 2, 3, 4, 5; S. 69, Nr. 6, 7, 8, 9 ←

2 Nach dem Kommutativgesetz der Addition kann man Klammern in einer Summe beliebig setzen oder weglassen.				
$\frac{4}{5} + \frac{5}{9} - \frac{1}{5} = \frac{4}{5} + \frac{1}{5} - \frac{5}{9} = 1 - \frac{5}{9} = \frac{4}{9}$				
$\left(\frac{3}{8} \cdot \frac{5}{7}\right) \cdot \frac{8}{5} = \frac{3}{8} \cdot \left(\frac{5}{7} \cdot \frac{8}{5}\right) = \frac{3}{8} \cdot \frac{8}{7} = \frac{3}{7}$				
Für die Reihenfolge der Rechnungen gilt: „Punkt vor Strich vor Klammern".				
$(3{,}6 + 4{,}9) \cdot \frac{1}{2} = 3{,}6 \cdot \frac{1}{2} + 4{,}9 \cdot \frac{1}{2} = 1{,}8 + 2{,}45 = 4{,}25$				
$\frac{1}{2} + \left(\frac{1}{4} - \frac{1}{8}\right) = \frac{1}{2} + \frac{1}{4} - \frac{1}{2} + \frac{1}{8} = \frac{3}{4} - \frac{5}{8} = \frac{1}{8}$				
$6 - 5 \cdot \left(\frac{1}{2} + \frac{1}{4}\right) = 1 \cdot \left(\frac{1}{2} + \frac{1}{4}\right) = \frac{3}{4}$				
$12 \cdot \left(1\frac{3}{4} - 1\frac{1}{3}\right) = 21 - 16 = 5$				
$(8{,}4 - 0{,}4 : 0{,}4 + 0{,}6) : 10 = 8 : 10 = 0{,}8$				

Rechenregeln und Rechengesetze   S. 69, Nr. 10, 11; S. 70, Nr. 12, 13, 14, 15 ←

geübt?

Aufgabe	w	f	Bemerkungen oder richtige Lösungen	Richtig gelöst? ✓
3 $3\frac{3}{4}\,d = 80\,h$ (d – Tage)				
$\frac{3}{8}\,t = 375\,kg$				
$375\,ml > \frac{2}{5}\,l$				
$(0{,}24\,kg + 530\,g \cdot 4) : 8 = 2{,}68\,kg$				
$6 \cdot (0{,}52\,m + 48\,dm) = 319{,}2\,dm$				
$(9{,}75\,€ - 135\,Ct) : 4 = 2{,}1\,€$				

Rechnen mit Größen ⟳ 067-1, 067-2 S. 71, Nr. 16, 17 ←

4 Ein Schulheft in der Größe DIN A4 wiegt 105,5 g, in der Größe DIN A5 wiegt es 49,8 g. Sind 5 große und 3 kleine Hefte schwerer als 700 g? $5 \cdot 105{,}5 + 3 \cdot 49{,}8 = 527{,}5 + 148{,}4 =$ 675,9 Die Hefte sind leichter als 700 g.				
12 gleiche Fenster werden in einem Haus neu eingebaut. Jedes Fenster kostet 645,50 €, der Einbau 53,60 €. Durch Sofortzahlung können 2 % des Gesamtbetrages abgezogen werden, sodass nur noch 98 % des Gesamtbetrages zu zahlen sind. $0{,}98 \cdot 12 \cdot (645{,}50 + 53{,}60) =$ $11{,}76 \cdot 699{,}1 = 8221{,}416$ Es sind 8221,42 € zu zahlen.				
Welches Durchschnittsgewicht haben die vier Babys gehabt? Klara 3910 g; Lukas 3360 g; Marie 2920 g; Jonas 4080 g $(3910 + 3360 + 2920 + 4080) : 4 =$ 3567,5 Durchschnittsgewicht: $\approx$ 3568 g.				

Sachaufgaben S. 71, Nr. 18, 19, 20; S. 72, Nr. 21, 22, 23, 24; S. 73, Nr. 25 ←

geübt?

Hast du alles richtig gemacht bzw. hast du entsprechend geübt, solltest du auf jeden Fall auch komplexe Aufgaben lösen, bevor du dich dem nächsten Thema widmest.

S. 73, Nr. 26, 27, 28 ←

geübt?

Verbindung der Grundrechenarten

Basisaufgaben

1 Berechne.

a) $2\frac{1}{10} \cdot \frac{5}{4} + \frac{15}{8} : \frac{3}{2} =$ _____

b) $\frac{1}{4} : \frac{1}{2} + 1\frac{1}{9} \cdot \frac{3}{4} =$ _____

c) $1\frac{3}{4} : 2\frac{1}{3} \cdot 3\frac{3}{4} =$ _____

d) $\frac{7}{9} + \frac{8}{5} : \frac{6}{10} - \frac{1}{6} =$ _____

e) $\frac{5}{6} : 2 + \frac{3}{4} : 3 =$ _____

f) $\left(\frac{4}{15} \cdot \frac{10}{16} + \frac{11}{12}\right) : 2 =$ _____

g) $\frac{3}{4} - \frac{5}{7} \cdot \frac{1}{2} =$ _____

h) $3\frac{1}{4} : \left(\frac{1}{4} : 2\right) - \frac{18}{5} =$ _____

i) $2\frac{3}{8} + \frac{5}{8} \cdot \frac{2}{3} =$ _____

j) $2\frac{4}{5} + 3\frac{3}{10} : \frac{3}{4} - \frac{13}{15} =$ _____

2 Berechne.

a) $15,6 : 3 \cdot 0,4 - 1,28 =$ _____

b) $0,5 + 0,84 : 1,2 =$ _____

c) $0,21 : 0,7 + 4 \cdot 0,2 =$ _____

d) $4 : 0,1 + 4 : 0,01 =$ _____

e) $(0,31 - 0,056) \cdot 1,4 =$ _____

f) $2,75 - 1,4 \cdot (0,4 + 0,15) =$ _____

g) $6,75 + 13,2 \cdot (5,3 + 4,1) =$ _____

h) $9,75 : 2,5 - 0,64 \cdot (2,75 - 2,125) =$ _____

i) $1,8 \cdot 14,2 + 4,8 \cdot 6,58 - 1,854 =$ _____

3 Setze Klammern, sodass die Rechnung stimmt.

a) $\frac{3}{4} - \frac{1}{4} : \frac{5}{2} = \frac{1}{5}$

b) $\frac{2}{3} \cdot \frac{3}{4} + \frac{3}{20} = \frac{3}{5}$

c) $\frac{3}{8} + \frac{1}{4} \cdot \frac{2}{5} + \frac{2}{3} = \frac{11}{12}$

d) $\frac{5}{6} - \frac{7}{10} \cdot \frac{3}{4} + \frac{9}{40} = \frac{1}{12}$

e) $2\frac{1}{2} \cdot \frac{3}{4} - \frac{3}{8} - \frac{1}{4} = 1\frac{3}{4}$

f) $\frac{1}{4} \cdot 5 - \frac{1}{2} = 1\frac{1}{8}$

g) $\frac{3}{8} \cdot \frac{4}{5} + \frac{4}{5} - \frac{1}{10} = 1$

h) $\frac{3}{5} + \frac{3}{4} \cdot \frac{5}{3} - \frac{1}{3} = 1\frac{4}{5}$

4 Berechne.

a) $\frac{3}{4} + 0,75 =$ _____

b) $3,5 : 0,5 =$ _____

c) $\frac{4}{5} \cdot 0,4 =$ _____

d) $3,8 - 5 \cdot \frac{1}{2} =$ _____

e) $2,5 : \frac{5}{6} =$ _____

f) $8,1 \cdot \frac{1}{3} =$ _____

g) $\frac{3}{4} + 4,5 - \frac{5}{8} =$ _____

h) $1,6 + \frac{3}{4} \cdot 0,8 =$ _____

5 Vervollständige.

a) $\frac{17}{23} +$ _____ $- \frac{17}{23} = 6,81$

b) $5\frac{3}{4} -$ _____ $- \frac{2}{5} = 5\frac{1}{8}$

c) _____ $+ 2\frac{1}{4} - 1,2 = 3,75$

d) _____ $: \frac{4}{15} + 1,5 = 2,5$

e) $2\frac{1}{2} +$ _____ $\cdot 2 = 4$

f) $2\frac{3}{4} :$ _____ $- 3 = 2,5$

g) _____ $\cdot 5,4 - \frac{1}{2} = 1,3$

h) $2 +$ _____ $: \frac{5}{4} = 4,4$

i) $\frac{2}{5} :$ _____ $+ 3,2 = 5,2$

6 Ergänze den Lückentext.

a) _____ -rechnung vor _____ -rechnung!

b) Brüche werden dividiert, indem man den _____ mit dem _____ des _____ .

7 Mit Brüchen oder mit Dezimalzahlen rechnen? Berechne.

a) $\frac{1}{2} + 0,4 + \frac{1}{4} + 2,5 =$ _____

b) $3\frac{3}{4} : 1,25 - 0,75 : \frac{1}{2} =$ _____

c) $\left(5 \cdot \frac{2}{3} - 0,5 + 2\right) : \frac{7}{6} =$ _____

d) $\left(4 + 5 : \frac{5}{4}\right) \cdot 0,25 =$ _____

e) $12 \cdot \left(5 - \frac{1}{4} - \frac{1}{6}\right) =$ _____

f) $2,4 : 1\frac{1}{3} - 1 : 0,625 =$ _____

8 Hier wurden die Rechenzeichen + bzw. − „zugekleckst". Rekonstruiere die Rechnungen.

a) $\frac{7}{8} \,\bigcirc\, \frac{2}{5} \,\bigcirc\, \frac{1}{2} = \frac{31}{40}$

b) $\frac{4}{5} \,\bigcirc\, \frac{2}{3} \,\bigcirc\, \frac{3}{10} = \frac{13}{30}$

c) $\frac{5}{12} \,\bigcirc\, \frac{5}{18} \,\bigcirc\, \frac{1}{6} = \frac{31}{36}$

d) $\frac{7}{30} \,\bigcirc\, \frac{2}{15} \,\bigcirc\, \frac{1}{10} = \frac{1}{5}$

e) $\frac{2}{3} \,\bigcirc\, \frac{3}{4} \,\bigcirc\, \frac{5}{12} = 1$

f) $\frac{9}{8} \,\bigcirc\, \frac{1}{3} \,\bigcirc\, \frac{3}{4} = \frac{1}{24}$

g) $1\frac{1}{3} \,\bigcirc\, \frac{3}{7} \,\bigcirc\, \frac{2}{21} = 1\frac{6}{7}$

h) $5\frac{1}{2} \,\bigcirc\, \frac{3}{8} \,\bigcirc\, \frac{5}{6} = 5\frac{1}{24}$

i) $\frac{2}{5} \,\bigcirc\, 2\frac{1}{4} \,\bigcirc\, 0,3 = 2\frac{19}{20}$

9 Rechne möglichst geschickt.

a) $5 + \frac{3}{4} =$ _____

b) $\frac{6}{7} \cdot 9,8 =$ _____

c) $0,5 - \frac{11}{25} =$ _____

d) $2,8 - \frac{7}{5} =$ _____

e) $5\frac{5}{8} + 0,875 =$ _____

f) $1,5 \cdot \frac{7}{15} =$ _____

g) $0,6 : \frac{3}{5} =$ _____

h) $3,2 : \frac{16}{25} =$ _____

i) $19,68 - 9\frac{1}{2} =$ _____

Rechenregeln und Rechengesetze

10 Verbinde die Gleichungskärtchen jeweils mit dem zugehörigen Rechengesetz-Kärtchen.

$(q - r) \cdot p = p \cdot q - p \cdot r$ $e \cdot (f \cdot g) = (e \cdot f) \cdot g$

$c + d = d + c$ $s \cdot t = t \cdot s$

Kommutativgesetz

$b + (c + d) = b + c + d$

$u + (v + w) = (u + v) + w$ Assoziativgesetz

$(x + y) \cdot z = x \cdot z + y \cdot z$

Distributivgesetz

$a \cdot (b - c) = a \cdot c - b \cdot c$ $k \cdot (l + m) = k \cdot l + k \cdot m$

11 Gib an, welche Rechengesetze angewendet wurden. Ist das Ergebnis richtig (r) oder falsch (f)?

a) $\frac{3}{7} + \left(\frac{2}{5} + \frac{4}{7}\right) = \frac{3}{7} + \left(\frac{4}{7} + \frac{2}{5}\right) = \left(\frac{3}{7} + \frac{4}{7}\right) + \frac{2}{5} = \frac{7}{7} + \frac{2}{5} = 1\frac{2}{5}$ _____

b) $\frac{3}{8} \cdot \frac{1}{5} \cdot \frac{8}{9} = \frac{8}{8} \cdot \frac{3}{9} \cdot \frac{1}{5} = \frac{1}{3} \cdot \frac{1}{5} = \frac{2}{15}$ _____

c) $1,5 + 1\frac{1}{3} + 0,75 = (1,5 + 0,75) + 1\frac{1}{3} = 2\frac{1}{4} + 1\frac{1}{3} = 3\frac{7}{12}$ _____

d) $\frac{5}{8} \cdot \left(\frac{4}{5} - \frac{8}{11}\right) = \frac{5}{8} \cdot \frac{4}{5} - \frac{5}{8} \cdot \frac{8}{11} = \frac{1}{2} - \frac{5}{11} = \frac{1}{11}$ _____

e) $0,5 \cdot (3,8 + 5,2) = 0,5 \cdot 3,8 + 0,5 \cdot 5,2 = 7,6 + 10,4 = 18$ _____

12 Wende das Kommutativgesetz geschickt an.

a) $\frac{2}{3} + \frac{7}{8} + \frac{1}{3} =$ _____

b) $\frac{9}{10} + \frac{3}{5} + \frac{1}{10} + \frac{1}{5} =$ _____

c) $\frac{7}{15} \cdot \frac{11}{12} \cdot \frac{5}{28} =$ _____

d) $\frac{7}{8} \cdot \frac{5}{18} \cdot \frac{6}{7} \cdot \frac{4}{5} =$ _____

e) $1\frac{6}{11} + \frac{5}{9} + \frac{10}{22} - \frac{1}{3} =$ _____

f) $3\frac{5}{6} + \frac{1}{5} + 1\frac{1}{9} \cdot \frac{3}{4} =$ _____

13 Nutze Rechenvorteile, indem du Rechengesetze anwendest.

a) $\frac{7}{5} - 1\frac{1}{3} + \frac{4}{5} =$ _____

b) $7\frac{3}{4} + 3\frac{1}{2} + 5\frac{1}{2} - 2\frac{1}{4} =$ _____

c) $\frac{15}{37} \cdot \frac{128}{129} \cdot 2\frac{7}{15} =$ _____

d) $\frac{15}{39} \cdot \frac{27}{49} + \frac{27}{49} \cdot \frac{2}{13} =$ _____

e) $6\frac{1}{8} + 2\frac{1}{2} + \frac{3}{8} =$ _____

f) $5\frac{7}{9} + \left(\frac{23}{29} + \frac{11}{9}\right) =$ _____

g) $\left(\frac{4}{5} + \frac{2}{7}\right) \cdot \frac{5}{2} =$ _____

h) $\frac{4}{7} \cdot \frac{5}{8} - \frac{3}{8} \cdot \frac{4}{7} =$ _____

i) $4 \cdot \left(2\frac{1}{2} + \frac{5}{4} - 3\frac{1}{4}\right) =$ _____

j) $0,4 \cdot 0,9 + 1,3 \cdot \frac{2}{5} - \frac{4}{10} \cdot 1,5 =$ _____

k) $0,8 \cdot 1\frac{1}{2} + \frac{1}{4} \cdot 80\% - \frac{3}{4} \cdot 0,8 =$ _____

14 Hier müssen Klammern beachtet werden. Berechne.

a) $(5,25 + 1,35) : (4,1 - 2,85) =$ _____

b) $(0,056 - 0,014) \cdot (41,26 - 40,85) =$ _____

c) $(3,845 + 0,469) : (9,842 - 8,404) =$ _____

d) $(0,3 \cdot 1,8) : (0,06 \cdot 0,9) =$ _____

e) $\left(\frac{4}{5} + \frac{2}{7}\right) \cdot \frac{5}{2} =$ _____

f) $\left[6 - \left(4\frac{2}{7} + 1\frac{1}{2}\right)\right] \cdot 4\frac{2}{3} =$ _____

g) $\left(4\frac{1}{3} + 9\frac{1}{2}\right) \cdot 2 - \left(15\frac{1}{3} - 7\frac{1}{2}\right) : 47 =$ _____

15 Pauline weiß, Klammern müssen zuerst berechnet werden und rechnet wie folgt. Was meinst du dazu?

$$\frac{5}{3} \cdot \left(\frac{6}{5} + \frac{3}{8}\right) = \frac{5}{3} \cdot \left(\frac{6 \cdot 8}{5 \cdot 8} + \frac{3 \cdot 5}{8 \cdot 5}\right) = \frac{5}{3} \cdot \left(\frac{48}{40} + \frac{15}{40}\right) = \frac{5}{3} \cdot \frac{63}{40} = \frac{5 \cdot 63}{3 \cdot 40} = \frac{21}{8} = 2\frac{5}{8}$$

_____

_____

Rechnen mit Größen

16 Rechne in die nächstkleinere Einheit um.

a) $1\frac{3}{4}\,h =$ _____

b) $1\frac{1}{8}\,m =$ _____

c) $3\frac{2}{5}\,cm =$ _____

d) $2\frac{1}{4}\,km =$ _____

e) $5\frac{1}{2}\,kg =$ _____

f) $2\frac{1}{3}\,h =$ _____

g) $6\frac{3}{5}\,cm^2 =$ _____

h) $15\frac{4}{5}\,€ =$ _____

i) $3\frac{1}{6}\,min =$ _____

j) $7\frac{3}{4}\,g =$ _____

k) $9\frac{3}{8}\,t =$ _____

l) $4\frac{9}{25}\,m^2 =$ _____

17 Berechne.

a) $(5\,m + 3{,}05\,dm \cdot 2) : 17 =$ _____

b) $(8{,}9\,kg - 430\,g) \cdot 5 =$ _____

c) $1500 \cdot 0{,}5\,kg - 240\,g : 5 =$ _____

d) $(3\,h - 20\,min) \cdot 3 =$ _____

e) $(9{,}45\,€ \cdot 2 - 756\,Ct : 3) \cdot 2 =$ _____

f) $4 \cdot (560\,mg + 3 \cdot 0{,}065\,g) =$ _____

g) $3750\,mm : 5 + 4 \cdot (2{,}8\,dm + 32\,cm) =$ _____

Sachaufgaben

18 Lea und Uli fahren in einer Woche täglich mit dem Fahrrad zur Schule. Leas Schulweg ist $2\frac{1}{2}\,km$ lang, Ulis Schulweg $3\frac{3}{4}\,km$. Welche Gesamtstrecke ergibt sich am Ende der Woche für beide zusammen?

_____

_____

_____

19 Eine Kiste mit zwölf Flaschen Mineralwasser zu je $0{,}75\,l$ kostet $9{,}78\,€$ einschließlich $1{,}50\,€$ Pfand für die Kiste und 15 Cent Pfand pro Flasche. Ist der Literpreis für das Mineralwasser teurer als 70 Cent?

_____

_____

_____

20 Für Betonarbeiten beim Bau einer Brücke wurden vier Ladungen Kies geliefert. Die Lkw waren mit $8\frac{1}{2}\,t$, $10\frac{3}{4}\,t$, $9\frac{1}{2}\,t$ und $4\frac{1}{5}\,t$ beladen worden. Welche Kosten ergeben sich bei einem Preis von $15\,€$ pro Tonne Kies?

_____

_____

_____

_____

Verbindung der Grundrechenarten

21 Ultraschallentfernungsmessgeräte ermöglichen das bequeme Messen auch größerer Längen.
In der Bedienungsanleitung sind die folgenden technischen Daten angegeben.
Messbereich 0,6 m bis 20,0 m;   Messungenauigkeit: −5 °C bis 10 °C und über 40 °C: ± 1 %
10 °C bis 40 °C: ± 0,5 %

a) Gib den Messbereich in cm an.

b) Bei 18 °C soll eine Länge, die mit 12 m angegeben ist, mit dem Gerät nachgemessen werden.
Mit welcher Abweichung durch Messungenauigkeiten ist zu rechnen?

c) Bestimme die Abweichung, wenn angegebene 12 m bei 4 °C mit dem Gerät nachgemessen werden.

d) Ein Laserentfernungsgerät soll höchstens ± 1,5 mm Messungenauigkeit haben. In welchem Entfernungsbereich kann
das Ultraschallmessgerät bei „Normaltemperatur" annähernd gleiche Genauigkeit aufweisen?

22 Wie viele Autos fuhren durchschnittlich pro Minute über
die Brücke?

Uhrzeit	8 Uhr	10 Uhr	12 Uhr	15 Uhr	18 Uhr
Anzahl	24	9	19	15	21

Finde den Denkfehler bei der Mittelwertberechnung und
berechne das richtige Ergebnis.

$$d = \frac{24 + 9 + 19 + 15 + 21}{8 + 10 + 12 + 15 + 18}$$

23 Eine Grundwassermessstelle wird monatlich abgelesen (siehe Tabelle). Berechne das arithmetische Mittel.

Monat	1	2	3	4	5	6	7	8	9	10	11	12
Wasserstand in m unter Geländeoberkante	3,81	3,79	3,65	3,44	3,39	3,51	3,63	3,69	3,75	3,79	3,83	3,87

24 Bei einer Schülersprecherwahl treten zum dritten Mal Angela, Frank und Guido gegeneinander an. Angela erhält 45 aller
abgegebenen Stimmen, Frank 25 % und Guido ein Achtel.
a) Wie viele Wähler waren anwesend und wie viele Stimmen erhielt jeder Kandidat?

b) Angela hat 12,5 % mehr Stimmen erhalten als im letzten Jahr. Wie viele Stimmen bekam sie letztes Jahr?

25 In einem Zeitungsartikel wurde über einen Spendenlauf von Schülerinnen und Schülern geschrieben. 486 Jungen und Mädchen einer Grundschule liefen auf einem 350-Meter-Rundkurs nach dem Motto „Kinder laufen für Kinder". Dazu wurden Sponsoren gefunden, die pro Runde einen bestimmten Betrag spendeten.

Die Kinder liefen an diesem Tag insgesamt 2800 km. Die Erstklässler schafften zusammen $\frac{1}{8}$ dieser Strecke, die Zweitklässler $\frac{1}{4}$ und die Drittklässler $\frac{2}{5}$. Welchen Bruchteil und welche Strecke liefen insgesamt die Viertklässler?

Komplexe Aufgaben

26 Die Klasse 6 c besteht aus 32 Schülerinnen und Schülern. Als die Lehrerin einen korrigierten Test zurückgibt, wertet sie aus, dass ein Viertel die Note 1 oder 2 hat, wobei es dreimal so viele Kinder mit der Note 2 als mit der Note 1 gibt. 50 % der Klasse erhält die Note 3. Kein Kind hat die Note 6, doch es gibt genauso viele Noten 4 wie Noten 5. Stelle die Notenverteilung in einem Säulendiagramm dar und gib den Notendurchschnitt an.

27 In einem Experiment findet man heraus, dass man in ein Gefäß, dessen Rauminhalt unbekannt ist, exakt siebenmal den Inhalt einer $\frac{3}{4}$-Liter-Flasche leeren kann. Wie viele 0,7-Liter-Flaschen können mit dem Inhalt dieses Gefäßes gefüllt werden und welcher Rest bleibt?

28 Mandy kauft sich einen Fernseher für 650 €. Sie vereinbart, den Kaufpreis in Raten zu zahlen. Sie muss ein Viertel des Kaufpreises anzahlen. Der Restbetrag wird mit einem Aufschlag von 50 € auf fünf Monatsraten verteilt. Wie hoch ist die monatliche Rate?

Verbindung der Grundrechenarten

Kreuze gleich nach der Fertigstellung der Aufgabe an, wie du mit der Lösung der Aufgabe zurechtgekommen bist.
Trage später nach dem Vergleich mit den Lösungen ein, wie viele Aufgaben du richtig gelöst hast.

1 Ergänze das Rechenschema. Nutze wo möglich Rechenvorteile.

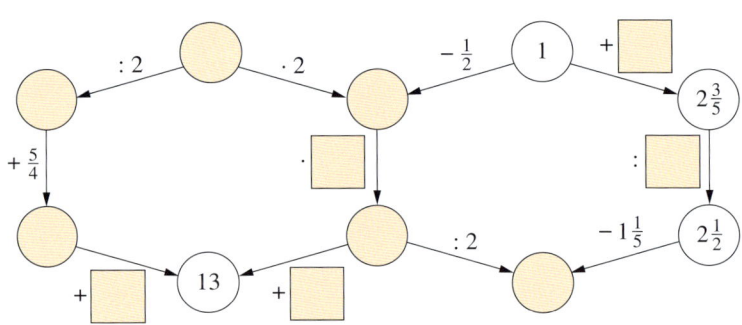

Rechenvorteile nutzen und Rechenregeln beachten

2 Setze die richtige Zahl ein, sodass die Gleichheit erfüllt ist.

a) $2\frac{3}{5} - \underline{} = 2\frac{1}{10}$

b) $1\frac{1}{6} + \underline{} + \frac{1}{3} = 3\frac{1}{2}$

c) $\underline{} : \frac{4}{7} = 1\frac{1}{20}$

d) $\underline{} \cdot 3,9 = 3\frac{3}{25}$

e) $2\frac{2}{5} - \underline{} - \frac{1}{10} = 1$

f) $\underline{} : \frac{1}{2} - 2\frac{2}{7} = 3\frac{5}{7}$

Rechenvorteile nutzen und Rechenregeln beachten

3 Berechne.

a) $\left(\frac{7}{10} + \frac{9}{10} : \frac{3}{5}\right) \cdot 5 = $ \underline{}

b) $4\frac{3}{5} - 2\frac{2}{3} \cdot \frac{4}{5} = $ \underline{}

c) $\frac{16}{41} \cdot \left(\frac{109}{110} \cdot 2\frac{9}{16}\right) = $ \underline{}

d) $2,4 \cdot 2\frac{1}{2} + \frac{14}{15} \cdot 0,75 = $ \underline{}

e) $(10,2 - 6,6 + 5,7) \cdot 3,9 + 18,382 : 1,3 = $ \underline{}

f) $\frac{3}{4} \cdot 7 \cdot \left[4 + \frac{4}{3} : \left(0,75 - \frac{1}{6}\right)\right] = $ \underline{}

g) $(3,014 + 6,35) \cdot (42,382 - 4,882) = $ \underline{}

Rechenregeln und Rechengesetze

4 Berechne möglichst geschickt.

a) $5\frac{3}{7} + 8\frac{1}{5} + 2\frac{3}{5} - 4\frac{3}{7} = $ \underline{}

b) $0,8 \cdot 0,91 \cdot 5 = $ \underline{}

c) $\frac{17}{13} \cdot \frac{7}{23} + \frac{6}{23} \cdot \frac{17}{13} = $ \underline{}

d) $\left(\frac{5}{9} + \frac{2}{11}\right) \cdot \frac{9}{2} = $ \underline{}

e) $\frac{2}{5} + 6,2 - \frac{3}{10} = $ \underline{}

f) $3,2 \cdot \frac{19}{32} - 1,4 = $ \underline{}

Rechenregeln und Rechengesetze

5 Berechne.

a) $\frac{5}{8}$ von 4,8 kg = _____

b) 20 % von 450 m = _____

c) $3 \cdot 1,5\,dm + 0,6 \cdot 25\,cm =$ _____

d) $5 \cdot (7,2\,l - 16\,ml) : 8 =$ _____

Rechnen mit Größen ☹ 😐 🙂 😀 | 4

6 20 % von 36,55 € werden ausgegeben, die Hälfte des Restes wird gespart. Wie viel bleibt übrig?

Sachaufgaben ☹ 😐 🙂 😀 | 2

7 In der Obstabteilung sind Packungen mit Paprikafrüchten im Angebot. Die Packungen sind mit 500 g ausgewiesen. Bei der Gewichtsüberprüfung von zehn Packungen und ergaben sich folgende Messwerte: 503 g; 489 g; 512 g; 506 g; 491 g; 482 g; 521 g; 496 g; 498 g; 511 g. Berechne den Mittelwert der Messungen. Was meinst du dazu.

Sachaufgaben ☹ 😐 🙂 😀 | 3

8 Wie viele 0,25-Liter-Gläser könnte man aus 15 Flaschen mit 0,7 l Inhalt, 8 Flaschen mit $1\frac{1}{2}$ l Inhalt, 20 Flaschen mit $\frac{3}{4}$ l Inhalt und $\frac{3}{4}$ eines 30-Liter-Fässchens füllen?

Sachaufgaben ☹ 😐 🙂 😀 | 4

Solltest du bei Aufgaben noch weiteren Übungsbedarf haben, dann schau in der Ausgangsdiagnose nach, welches Angebot dir zu dem jeweiligen Thema zur Verfügung steht.

S. 66, 67 ←

Bruchzahlen im alten Ägypten

Etwa 3000 vor Christus verwendeten die Ägypter Hieroglyphen, das sind bildhafte Symbole, als Schrift- und Zahlzeichen.

Für Zahlen wurde das Zehnersystem verwendet. Benötigte Stufenzahlen erhielten bestimmte Hieroglyphen. Zahlen wurden aus den Stufenzahlensymbolen in der nötigen Anzahl zusammengestellt.

│	Strich		1
∩	Bügel, Huf		10
ϱ	Schnur		100
⚱	Lotosblume		1000
↿	Finger		10 000
⨍	Kaulquappe		100 000
♆	Gott		1 000 000

Welche zwei Zahlen wurden hier dargestellt?

Welche Hieroglyphendarstellung würden die Zahlen 63 und 208 erhalten haben?

Die Ägypter schrieben auch bereits Brüche. Spezielle Hieroglyphen gab es für $\frac{1}{2}$, $\frac{1}{3}$, $\frac{2}{3}$ und $\frac{1}{4}$.

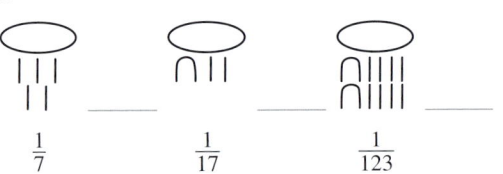

$$\frac{1}{2} \quad \frac{1}{3} \quad \frac{2}{3} \quad \frac{1}{4}$$

Alle anderen Brüche wurden mithilfe von Stammbrüchen geschrieben, das sind Brüche mit dem Zähler 1. Über die „Nennerzahl" wurde ein „Kringel" gesetzt.

Welchem Stammbruch entsprechen jeweils diese Schreibformen?

$$\frac{1}{7} \quad \frac{1}{17} \quad \frac{1}{123}$$

Schreibe die Stammbrüche in Hieroglyphenschreibweise.

Alle anderen Brüche wurden als Summe von Stammbrüchen (untereinander) geschrieben, im Beispiel hier $\frac{1}{2} + \frac{1}{10} = \frac{3}{5}$.

Welche Bruchdarstellung wurde hier mit Hieroglyphen vorgenommen?

  _____  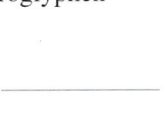 _____

Zerlegung in Stammbrüche

$$\frac{3}{5}$$

Als Nenner des größten Stammbruchs der Zerlegung wählt man das erste Vielfache des Zählers, das größer als der Nenner ist. Der Zähler des Stammbruchs bleibt.
Die Differenz aus Bruch und erstem Stammbruch wird gebildet. Ergibt dies einen Stammbruch, ist die Zerlegung beendet, wenn nicht, wird entsprechend weiter verfahren.

$$\frac{3}{6} = \frac{1}{2}$$

$$\frac{3}{5} - \frac{1}{2} = \frac{1}{10}$$

$$\frac{3}{5} = \frac{1}{2} + \frac{1}{10}$$

Welche Hieroglyphendarstellung ergibt sich für die folgenden Brüche?

$$\frac{7}{12} \qquad \frac{9}{16} \qquad \frac{13}{30} \qquad \frac{7}{20} \qquad \frac{7}{9} \qquad \frac{5}{7}$$

Bruchzahlen bei den Römern

In der Illustration sind wichtige Grundfestlegungen dargestellt. Diese stammen aus einer Schrift aus dem Jahr 146 nach Christus. Erläutere, was aus der Tabelle alles entnommen werden kann.

_____

_____

_____

_____

_____

_____

_____

_____

_____

_____

_____

Merkwürdige Erbteilung

Drei Brüder sollen nach dem Testament ihres Vaters die 17 Kamele seines Besitzes wie folgt unter sich aufteilen. Der älteste Sohn erhält die Hälfte der Kamele, der mittlere ein Drittel der Kamele und der jüngste ein Neuntel der Kamele.
Die Brüder hatten große Probleme mit der Aufteilung des Erbteils, denn sie wollten ja kein Kamel zerschneiden.
Da kam ein weiser Mann mit einem Kamel, stellte es zu den Kamelen der Brüder. Nun konnte das Testament erfüllt werden, ohne dass ein Kamel zerteilt werden musste, und der weise Mann konnte außerdem mit seinem Kamel weiterziehen.
Finde heraus, wie das geschehen konnte. Stimmt hier etwas nicht?

_____

_____

_____

_____

_____

Rechnen mit Bruchzahlen

Kreuze gleich nach der Fertigstellung an, wie Du mit der Lösung der Aufgabe zurechtgekommen bist.
Trage nach dem Vergleich mit den Lösungen ein, wie viele Aufgaben Du richtig gelöst hast.

1 Berechne.

a) $\frac{1}{4} - \frac{1}{8} =$ _____

b) $\frac{3}{25} + \frac{3}{4} =$ _____

c) $\frac{2}{6} + \frac{6}{18} - \frac{6}{9} =$ _____

d) $\frac{25}{12} + \frac{5}{48} + \frac{5}{24} =$ _____

e) $\frac{5}{6} - \frac{11}{18} + \frac{8}{12} =$ _____

f) $\frac{5}{12} + \frac{7}{6} - \frac{10}{16} =$ _____

Brüche addieren und subtrahieren

2 Welche Zahl musst du für ▦ einsetzen, damit die Rechnung stimmt?

a) $\frac{3}{5} + \frac{▦}{10} = \frac{13}{10}$ _____

b) $\frac{9}{14} - \frac{▦}{7} = \frac{3}{14}$ _____

c) $\frac{5}{18} + \frac{▦}{3} = \frac{11}{18}$ _____

d) $\frac{15}{24} - \frac{▦}{8} = \frac{1}{4}$ _____

e) $\frac{7}{12} + \frac{1}{▦} = 1\frac{1}{12}$ _____

f) $\frac{14}{15} - \frac{3}{▦} = \frac{1}{3}$ _____

Brüche addieren und subtrahieren

3 Subtrahiere von der Summe der Zahlen $10\frac{7}{8}$ und $\frac{2}{3}$ die Differenz der Zahlen $5\frac{1}{4}$ und $2\frac{2}{3}$.

_____

Gemischte Zahlen

4 Berechne.

a) $\begin{array}{r} 8,2135 \\ -\ 1,236 \\ -\ 4,78396 \\ \hline \end{array}$

b) $\begin{array}{r} 9,37 \\ +\ 25,5614 \\ +\ 17,625 \\ \hline \end{array}$

c) $\begin{array}{r} 10,585 \\ +\ 11,1 \\ +\ \ 0,97 \\ \hline \end{array}$

d) $\begin{array}{r} 125,375 \\ -\ 62,62 \\ -\ 15,7 \\ \hline \end{array}$

_____   _____   _____   _____

Dezimalzahlen addieren und subtrahieren

5 Gib zwei Dezimalzahlen an, die für ☐ eingesetzt werden können.

a) $0,043 + ☐ < 0,05$ _____

b) $1\frac{1}{5} - ☐ > 1$ _____

c) $\frac{1}{8} + ☐ < 0,2$ _____

d) $0,7 - ☐ > \frac{2}{3}$ _____

Dezimalzahlen addieren und subtrahieren

Gesamtdiagnose

6 Berechne.

a) $\frac{2}{9} \cdot 3 =$ _____

b) $\frac{12}{15} \cdot \frac{5}{8} =$ _____

c) $\frac{11}{10} \cdot \frac{35}{77} =$ _____

d) $\frac{21}{40} \cdot \frac{25}{28} =$ _____

e) $\frac{99}{102} \cdot \frac{17}{55} =$ _____

f) $7\frac{5}{21} \cdot 7 =$ _____

g) $3\frac{1}{2} \cdot \frac{4}{7} =$ _____

h) $4\frac{2}{3} \cdot 2\frac{3}{21} =$ _____

i) $3\frac{6}{25} \cdot 1\frac{8}{27} =$ _____

Brüche multiplizieren  9

7 Berechne.

a) $\frac{12}{13} : 4 =$ _____

b) $\frac{1}{2} : \frac{1}{8} =$ _____

c) $\frac{7}{12} : \frac{14}{15} =$ _____

d) $3\frac{2}{3} : 2 =$ _____

e) $2\frac{1}{7} : \frac{1}{14} =$ _____

f) $\frac{3}{4} : 1\frac{1}{3} =$ _____

Brüche dividieren  6

8 Rechne möglichst im Kopf.

a) $0,9 \cdot 11 =$ _____

b) $2,04 \cdot 0,5 =$ _____

c) $0,6 : 0,03 =$ _____

d) $3,6 : 0,6 =$ _____

e) $2,5 \cdot 0,04 =$ _____

f) $84,3 \cdot 0,02 =$ _____

g) $24,72 : 0,8 =$ _____

h) $0,82 : 4,1 =$ _____

Dezimalzahlen multiplizieren und dividieren 8

9 Gegeben ist die Gleichung $48 \cdot 48 = 2304$. Notiere ohne schriftliche Rechnung das Ergebnis.

a) $4,8 \cdot 4,8 =$ _____

b) $0,48 \cdot 4,8 =$ _____

c) $4,8 \cdot 48\,000 =$ _____

d) $2304 : 4,8 =$ _____

Dezimalzahlen multiplizieren und dividieren 4

10 Überprüfe die Rechnung. Korrigiere, falls nötig.

a) $74,4 : 3 = 24,9$ _____

b) $23,2 : 3,2 = 7,26$ _____

c) $38 : 0,16 = 237,5$ _____

Dezimalzahlen dividieren  3

11 Berechne geschickt.

a) $\frac{3}{8} + 2\frac{1}{2} + 7\frac{1}{8} =$ _____

b) $\frac{5}{6} - 1\frac{2}{3} + \frac{5}{6} =$ _____

c) $7,55 + 6,98 + 3,02 + 3,45 =$ _____

d) $15,654 + 7,75 + 11,346 =$ _____

Nutzen von Rechenvorteilen

12 Berechne.

a) $\left(\frac{1}{12} - \frac{1}{20}\right) : \frac{1}{5} + \frac{1}{4} =$ _____

b) $4\frac{1}{4} : \left(\frac{1}{4} : 2\right) - \frac{15}{16} =$ _____

c) $(0,76 - 0,305) \cdot 1,2 - 0,5 =$ _____

d) $3,72 : (1,2 + 0,35) =$ _____

Rechnen mit Klammern

13 In einem Fass befinden sich 120 Liter Kirschsaft.

a) Wie viele Flaschen zu $\frac{3}{4}$ Liter können gefüllt werden?

_____

_____

b) Beim Abfüllen der $\frac{3}{4}$-Liter-Flaschen werden insgesamt $3\frac{3}{4}$ Liter verschüttet und 11 gefüllte Flaschen platzen. Welcher Bruchteil des Saftes geht verloren?

_____

_____

Sachrechnen

14 Vera hat in der vergangenen Woche notiert, wie viel Zeit sie für die Hausaufgaben aufgewendet hat. Welcher durchschnittliche tägliche Zeitaufwand ergibt sich daraus?

Montag	Dienstag	Mittwoch	Donnerstag	Freitag
1h 15min	2h	55min	2h 20min	1h 35min

_____

_____

Sachrechnen

Solltest du bei Aufgaben noch weiteren Übungsbedarf haben, dann schau in den Ausgangsdiagnosen nach, welches Angebot dir zu dem jeweiligen Thema zur Verfügung steht.

S. 38, 39; S. 44, 45; S. 56, 57; S. 66, 67 ←